我国甘薯垄作种植机械化技术研究

胡良龙　王公仆　王　冰　著

U0349064

中国农业科学技术出版社

图书在版编目（CIP）数据

我国甘薯垄作种植机械化技术研究 / 胡良龙，王公仆，王冰著 . —北京：中国农业科学技术出版社，2020. 5

ISBN 978-7-5116-4691-0

Ⅰ . ①我⋯　Ⅱ . ①胡⋯②王⋯③王⋯　Ⅲ . ①甘薯—垄作—机械化栽培—研究—中国　Ⅳ . ①S531

中国版本图书馆 CIP 数据核字（2020）第 060957 号

责任编辑　李冠桥
责任校对　马广洋

出 版 者　中国农业科学技术出版社
　　　　　北京市中关村南大街12号　　　邮编：100081
电　　话　（010）82109705（编辑室）　（010）82109702（发行部）
　　　　　（010）82109709（读者服务部）
传　　真　（010）82106625
网　　址　http: // www.castp.cn
经 销 者　各地新华书店
印 刷 者　北京建宏印刷有限公司
开　　本　710mm× 1 000mm 1/16
印　　张　7.25
字　　数　120千字
版　　次　2020年5月第1版　2020年5月第1次印刷
定　　价　48.00元

◀━◁ 版权所有 · 翻印必究 ▷━▶

前　言

　　甘薯是一种抗旱、耐贫瘠、增产潜力巨大的作物，被称为荒地开发的先锋作物，它于明朝万历年间传入中国，广泛种植后，对中华民族人口繁衍和社会稳定做出了重大贡献，曾是新中国20世纪60—70年代困难时期老百姓的主要粮食"替代品"，有"甘薯救活一代人"之说。甘薯营养丰富、用途广泛，是重要的粮食、饲料、工业原料及新型能源作物，是世界粮食生产的底线作物和极具竞争力的能源作物，亦是优质的抗癌保健食品，是欠发达地区主要经济收入之一，在灾年、歉年仍是重要的救灾粮食，具有特殊战略意义。

　　甘薯是一种高垄种植、裸苗移栽的劳动密集型作物，其田间生产机械主要包括排种、耕整、起垄、剪苗、移栽、田间管理（灌溉、中耕、施药等）、收获等作业机具，其中起垄、栽植是其生产中重要作业环节，用工量占全程的38%左右。

　　我国是全球最大的甘薯生产国，种植面积达5 000多万亩[1]，种植面积占全球的36.5%，总产量占全球的63.63%。我国虽是甘薯生产大国，但其机械化生产程度却不高，机具作业匹配性较差，耕种收综合机械化指数约31%。其中，耕整起垄机械结构强度差、可靠性低、作业质量差、生产效率不高等问题突出，移栽种植环节机械生产效率偏低、压垄伤垄严重、辅助人工过多、适应性不高、栽插质量不稳定、移栽浇水供水难等问题还需解决，因而导致甘薯全程生产用工多、劳动强度大、生产效率低、综合效益不高等问题十分突出，已严重制约产业健康

---

　　① 　1亩约为667m²，全书同

稳定发展，随着我国农村劳动力结构短缺变化和规模种植大户的不断涌现，甘薯生产用工量多、劳动强度大的矛盾越来越凸显，市场对甘薯生产机械化的需求越来越迫切。因此加快推进甘薯生产机械化已成为甘薯产业当前面临的一项急迫任务。

目前，甘薯生产机械化问题的解决不能简单地理解为研发几款适用机具就能解决问题了，而应从"机制、机具、基础"相结合的角度来通盘考虑，共同研究，逐步解决，故而本书以甘薯生产中垄作、种植两个环节为代表，农机农艺及匹配技术共同研究，为生产提供较为完整的解决方案。

全书共分概述、我国甘薯垄作种植研究现状、国内典型甘薯垄作机械研究设计、国内典型甘薯种植机械研究设计、甘薯种植浇水模式研究、宜机化起垄种植配套技术研究、总结与展望等七部分来撰写。全书从农机农艺融合的视角出发，以宜机化生产和全程机械化作业为目标，通过大量文献分析和实地调研，较为系统地阐述了国内甘薯的生产种植特点、甘薯垄作种植生产机械类型，具体总结分析了国内外甘薯垄作种植机械化技术研发现状，提出发展趋势，结合实际研究工作，重点从整机结构与工作原理、关键部件的设计、试验考核情况等几个方面对1QL-1型甘薯起垄收获多功能机、1GQL-2型甘薯双行旋耕起垄覆膜复式机、2CGF-2型甘薯旋耕起垄移栽复式机等几款典型机具开展机构设计和试验研究及优化，为破解移栽浇水难题，开展了甘薯种植后适宜浇水模式的研究，并从全程机械化作业的角度研究了适宜甘薯机械化起垄种植的配套农艺、配套动力等，提出了6种宜机化生产配套作业模式，并针对性地研究提出了促进我国甘薯垄作种植机械化发展的建议，旨在为我国甘薯垄作种植生产机械化提供典型机具结构参数设计、农机农艺配套、作业模式选择的理论依据和配方参考，提升甘薯生产机械化整体技术水平。

本书研发成果是在"国家现代农业甘薯产业技术体系""'十三五'国家重点研发计划"专项资金资助下完成的，在撰写过程中得到了课题组成员农业农村部南京农业机械化研究所胡志超研究员、王伯凯助理研究员、于向涛副研究员等同志的指导与帮助，在此，一并致以衷心的感谢！

我国甘薯机械化生产整体来说正处于起步发展阶段，宜机化作业的自然禀赋条件差、作物自身生理条件不优越、生产组织模式还不健全，机械化发展虽然难度较大，但仍需负重前行，本书研究提出的典型机具、作业模式等希望能够抛砖引玉，启发大家研究出更多、更好的科研成果。

限于作者水平，书中疏漏和不妥之处在所难免，恳请读者不吝赐教、批评指正，以期在后续科研工作中不断完善提升。

著　者
2019年11月

1 概 述

1.1 国内甘薯产业地位

甘薯（*Ipomoea batatas* L. Lam.）属旋花科甘薯属，一年生或多年生蔓生草本，又名山芋、番薯、红薯、白薯、地瓜、红苕等，因地区不同而称谓各异。甘薯起源于南美洲，现已在100多个国家广有种植，明朝万历年间从南洋传入中国的福建、广东，而后向长江流域、黄河流域及台湾省等地传播。

甘薯性喜温，是短日照作物，根系发达，较耐旱，对土壤要求不严，是一种抗旱、耐贫瘠、增产潜力巨大的作物，被称为荒地开发的先锋作物，曾是新中国20世纪60—70年代困难时期老百姓的主要粮食"替代品"，有"甘薯救活一代人"之说。

甘薯营养丰富、用途广泛，是重要的粮食、饲料、工业原料及新型能源用原料，是世界粮食生产的底线作物和极具竞争力的能源作物，亦是优质的抗癌保健食品，是欠发达地区主要经济收入之一，在灾年、歉年仍是重要的救灾粮食，发挥了特殊战略意义。

我国是世界上最大的甘薯种植国，由于生产机械化技术制约和饮食结构调整，我国甘薯种植面积由鼎盛时期的1亿多亩，逐年下降，现已基本稳定在5 000多万亩，在我国粮食生产面积中仅次于马铃薯，居第五位，在我国粮食作物生产总量中仅次于水稻、小麦、玉米。我国甘薯以黄淮海平原、长江流域和东南沿海种植最为集中，主要生产省市有四川、河南、山东、重庆、广东、安徽、河北、湖北等，其在平原坝区、丘陵薄地的沙壤土、壤土、黏土皆有种植。

　　甘薯用途随着社会经济和膳食结构的发展而变化，一般经历食用为主，饲、食、加工并重，加工为主、食饲兼用几个阶段。我国目前已经转向以加工为主的阶段，淀粉薯所占比例最大，优质鲜薯食用发展较快，菜用薯市场正在开辟成长。甘薯在部分发展中国家作为粮食的功能并未衰退，非洲一些国家几乎将甘薯全部作为食用，如乌干达、布隆迪等国人均年消费100kg左右。发达国家和地区人均年消费仅2～6kg，多强调其保健功能和优质鲜食用途。

　　甘薯营养丰富，富含淀粉、糖类、蛋白质、维生素、纤维素以及各种氨基酸，是非常好的营养保健食品。就世界范围而言，目前约80%的甘薯用于直接食用和食品加工。其加工品种类繁多，如粉丝、粉皮、精淀粉、药剂填充、变性淀粉等淀粉及衍生产品；蛋白、膳食纤维、花青素、胡萝卜素等营养保健产品；薯片、薯泥、烤薯、方便粉丝、薯脯、饮料等方便食品；酒类、燃料等乙醇类产品。同时甘薯也是优质的抗癌保健食品，1996年日本国立癌症预防科学研究所研究表明，甘薯具有抗癌作用；美国公共利益科学中心（CSPI）的营养学家通过对数十种常见蔬菜研究发现，甘薯含有丰富的食用纤维、糖、维生素、矿物质等人体必需的重要营养成分，在所分析的蔬菜中名列第一。2005年1月世界卫生组织公布的最佳食品榜中，甘薯名列第一（健康时报报道）。

1.2　国内甘薯生产种植特点

1.2.1　种植面积虽大，种植经营还不够集中

　　世界甘薯主要产区分布在北纬40°以南，栽培面积以亚洲最多（超50%），非洲次之（40%），美洲居第三位（4%），主要集中在发展中国家，美、日、韩等发达国家有一定种植面积。据联合国粮农组织（FAO）统计，2017年世界甘薯种植面积为9 202 777hm²，产量达11 283.53万t，平均单产为12 261kg/hm²。中国的甘薯种植面积为3 362 871hm²，产量达7 179.65万t，平均单产为21 350kg/hm²，单产水平是全球的1.74倍。

　　我国是全球最大的甘薯生产国，种植面积占全球的36.5%，总产量占全球的63.63%。近年，随着粮食生产发展，国人饮食消费结构发生重大调整，我国甘薯

生产目的已转向加工（制作淀粉和酒精）为主、鲜食比例不断增加、饲用比例逐步下降、菜用市场逐步成长的阶段。

国内甘薯种植面积虽大，整体上看，种植规模还不够集中，规模经营主体大的还不多。随着土地流转政策推进，各省份虽都出现一些种植企业、种植大户或专业生产合作社，其面积大的能达到近万亩，不少是几百亩至上千亩不等，尤其是河南、山东、安徽、新疆维吾尔自治区（全书简称新疆）等省（区），也能集中成片种植，为机械化规模生产提供了便利条件，但不少田块还是几亩或十几亩一块，相对面积又不大，制约了机械化生产作业效率的提升。而国内多数地区仍为一家一户的分散种植，其中种植户较多的四川、重庆地区，由于特殊地形，其种植户的田地仍然散布在丘陵山地之间，未能集中成一片。国内的分散种植规模一般在0.5~3亩，田块小、集中成片种植少。

1.2.2　种植区域分布广，且地形复杂

甘薯在我国分布较广，以黄淮海平原、长江流域和东南沿海种植最为集中，种植面积较大的省市有四川、河南、山东、重庆、广东、安徽等。根据我国气候条件、甘薯生态型、行政区划、栽培习惯等，一般可将甘薯种植区划为三大区：北方春夏薯区（占40%），主要包括江苏、安徽的北部和河南、山东、河北、山西、陕西以及其他北方诸省（区、市）；长江中下游流域夏薯区（占40%），主要包括江苏、安徽、河南三省、淮河以南、陕西的南端、湖北、浙江全省、贵州的大部、湖南、江西、云南三省的北部，以及除川西北高原外的全部四川盆地；南方薯区（占20%），主要包括广东、广西壮族自治区（全书简称广西）、福建、海南及江西、云南南部和台湾大部。

我国甘薯在平原、坝区、丘陵、山地、沙地、滩涂、盐碱地皆有种植；其种植分布的土壤主要为沙土、沙壤土、沙石土、壤土、黏土等，其中北方薯区的种植土壤以偏沙性的多些，长江流域和南方薯区的种植土壤以偏黏性的多些。因此，我国甘薯具有种植区域广、生长跨度大、分布地形复杂、种植土壤多样的特点，从而形成了甘薯品种、栽培制度、消费形式的多样性和复杂性。

1.2.3　种植制度多样，栽培模式繁多

我国各薯区的种植制度不尽相同，形式多样。

北方春夏薯区的春薯区一年一熟，常与玉米、大豆、马铃薯等轮作，一般在4—5月栽插；春夏薯区以二年三熟为主，其春薯在冬闲地栽，夏薯在麦类、豌豆、油菜等冬季作物收获后栽插。

长江流域夏薯区甘薯多分布在丘陵山地，夏薯在麦类、豆类收获后栽插，以一年二熟最为普遍，多在6月栽插。

南方薯区的夏秋薯区及秋冬薯区，甘薯与水稻轮作，早稻、秋薯一年二熟占一定比例；旱地二年四熟制中，夏、秋薯各占一熟。而北回归线以南地区，四季皆可种甘薯，秋、冬薯比例大，旱地以大豆、花生与秋薯轮作；水田以冬薯、早稻、晚稻或冬薯、晚秧田、晚稻两种复种方式较为普遍。

甘薯栽培模式繁多。净作、套种、间作长期存在，在不同地区甘薯分别与烟叶、玉米、芝麻等作物间作，套种模式主要有：麦-薯套种、烟-薯套种（主要分布在河南、贵州）；玉米-甘薯套种、甘薯-高粱套种（主要分布在湖南、贵州）；以及在四川分布较广的"麦/玉/薯"宽带多熟栽培模式和"麦/玉/苕+豆"种养结合栽培模式等，但净作占有的份额逐年提升。覆膜与不覆膜皆有，但以不覆膜为主，覆膜种植主要集中在山东、山西、陕西、新疆等省干旱、前期温度较低的部分地区。甘薯垄作、平作皆有，但以垄作为主，垄高在250～350mm，种植规格有小垄单行、大垄单行、大垄双行等，垄距尺寸多样。

1.3 甘薯生产机械类型

甘薯是劳动密集型土下作物，根据作业环节划分，其田间生产机械主要包括排种、耕整、起垄、剪苗、移栽、田间管理（灌溉、中耕、施药等）、收获（割蔓、挖掘、捡拾、清选、收集）等作业机具，其中耕整、施药等机具可为通用型农业机械，灌溉虽可为通用型机械，但需根据甘薯种植模式和需要进行改进配套，而育苗环节除美国等极少数国家有使用种薯排种装备外，我国还没有该机具，其他作业环节则需针对甘薯特点采用改进机型或设计专用机型。

甘薯生产机械按照与动力的联接方式可分为悬挂式、牵引式、自走式等，根据配套动力大小可分为微型、小型、中型、大型，根据一次性作业垄数可分为单垄型、双垄型、多垄型。

　　甘薯生产中各环节用工量差异较大，一般育苗环节约占10%，耕整起垄环节约占15%，剪苗移栽环节约占23%，田间管理环节约占10%，去蔓收获环节约占42%，故而移栽、收获是甘薯生产中两个极为重要的作业环节，其用工量占生产全过程65%左右，其对应机具也是非常重要的。

2 我国甘薯垄作种植研究现状

2.1 国内甘薯垄作种植机械现状及问题

2.1.1 甘薯机械化整体程度较低

我国虽是甘薯生产大国，但其机械化生产技术却十分落后，作业机具的专用化、高效化、系列化程度还较低，不仅落后于国内稻麦、玉米等大宗粮食作物，亦落后于国内的马铃薯、花生等土下果实作物，其耕种收综合机械化指数距离国家平均水平（2017年为67.23%）尚有较大距离，并且区域发展不平衡，国内平原（沙壤土）地区明显高于丘陵山区，北方薯区明显高于其他薯区。

在甘薯机械化耕、种、收三大环节中，耕作起垄环节机械化程度相对较高，参照2017年马铃薯的耕作机械化指数，预计应在60%左右，而甘薯的栽种机械种类较少，在市场上应用也刚刚起步，其种植机械化指数应不足1%。

由于缺少机械化，目前国内甘薯生产用工量75%以上的育苗、移栽、收获等环节仍主要靠人工完成，用工成本占总销售额的近50%，生产成本约占68%。因此，用工量多、劳动强度大、生产成本高、综合效益偏低问题十分突出，在一定程度上制约了农民种植的积极性。而美、日、加等国甘薯生产已采用机械化，其中日本淀粉用甘薯生产用工已降至每公顷6个，生产成本远低于我国。

2.1.2 关键设备短缺且现有设备作业质量不高

美、日、加等发达国家对甘薯生产机械化技术及装备研发起步早、投入大、发展快，已形成了排种机、剪苗机、起垄机、移栽机、割蔓机、收获机（分段收获、联合收获）等系列产品，甘薯生产机械已实现专用化、标准化，其作业工效是传统人工的数十倍。

而我国甘薯生产机械除耕地、田间管理等环节多借用其他作物通用机型，技术相对成熟外，起垄机械技术正在不断发展，而育苗、移栽等重要环节尚缺少成熟、适用机型。

在育苗环节，由于我国南北方育苗、供苗方式多种多样，育苗规模偏小，市场对排种、剪苗等机具需求尚不强烈，因此，排种机械研发处于空白，而国内的剪苗设备（亦可兼收菜用薯尖）研发处在起步阶段，样机正在开展相关试验，距离生产应用尚有一定差距。

在耕整起垄环节，平原地区采用机械作业已超过80%，但丘陵山区机具使用率依然很低。目前，国内甘薯耕整起垄机主要有单一功能作业机和复式作业机，其中复式作业机可一次完成旋耕、起垄、施肥、镇压、覆膜等作业，或能完成上述几个功能的组合。由于国内浅耕制度、土壤类型、种植模式、设计制造等因素影响，目前国内甘薯起垄机仍存在土壤耕层浅、起垄高度不高、垄体紧实度差、垄体易塌陷、垄侧破坏严重、垄距不规范、垄侧坡度角不规范等问题，影响垄体质量和后续栽插、收获作业及薯块生长；此外，部分机具结构强度差、可靠性低、作业效率不高等问题也较为突出。

在移栽环节，目前生产上主要采用人工栽插，少数采用了打孔器、手持压苗器以辅助人工进行栽插。而国内甘薯移栽机械还较少，国家甘薯产业技术体系研发了一款甘薯旋耕、起垄、施肥、栽植、覆土、镇压为一体的2CGF-2型复式移栽机，并形成单行、双行、三行系列化产品；山西少数地区使用一种半机械定穴栽插施肥破膜浇水器，主要实现定穴、施肥、破膜、浇水功能。目前甘薯移栽中多数机具只能完成单一栽插作业，生产效率偏低、压垄伤垄问题突出、辅助人工过多问题突出，难以实现斜插作业，栽插质量也不高，且缺少膜上移栽机具，浇水供水难等问题还需解决。

2.1.3 宜机化作业配套技术匹配性较差

由于甘薯机械研发长期滞后，因此以往甘薯的育种和栽培目标主要集中在高产、抗逆、抗病虫害等上，而对机械的适应性重视不够，给机具的研发、推广和作业质量均造成较大的一些影响。

（1）我国甘薯苗栽插的大小、叶片、形状、入土方式、浇水、覆膜等具有多样性，机具的适应性大受影响，使机械化移栽的研发和推广受到较大制约。

（2）甘薯种植区域环境千差万别，机具的适应性难以解决。我国甘薯在平原、丘陵、山地皆有种植，种植土壤有沙土、沙壤土、沙石土、壤土、黏土等，种植田块大小不一，尤其是丘陵山区道路崎岖、田块细碎，种植环境相当复杂，机具难以适应多种环境作业，也造成了机具规格繁、型号多、批量小、服务半径大、售后成本高。

（3）种植农艺繁杂造成甘薯作业机具与动力的配套难。甘薯垄作、平作皆有，间作、套种长期存在，尤其是丘陵地区，且各种植区的垄形、垄距差距较大，与国内现有的拖拉机轮距难以匹配，致使作业机具与配套动力难以选择。

（4）我国甘薯种植制度复杂多样，缺乏行之有效的规范化栽培制度，生产手段、生产经营方式落后，缺乏与机械化生产相适应的集中成片种植、农田基本建设、规范化管理和社会化服务组织。

2.2 甘薯垄作机械技术研究现状及趋势

垄作种植目前是甘薯的主要栽种形式。起垄种植能有效改善土壤环境、调节温度、合理利用水分光照条件等。起垄是甘薯栽植前的一道重要工序，也是甘薯生产中非常耗力、耗工的工序。起垄机是甘薯起垄的重要机械，其作用是实现松土、垅土、成型和镇压等，其将土壤在田间实现小范围转移，使其形成预定形状和参数的土垄，以达到符合栽植农艺要求。国内一般地区起垄垄距为800～1 000mm，新疆、南方多雨地区的垄距为1 100～1 500mm。为便于实现全程机械化作业，推荐使用垄距为900mm的起垄垄距，便于拖拉机及后续作业设备的配套。甘薯起垄高度一般应在250～350mm，起垄时土壤含水率以20%～40%作业效果最佳。

2.2.1 国内甘薯机械起垄技术发展现状

甘薯种植比花生、马铃薯等根茎类作物的垄体要高、起垄难度较大，甘薯起垄的垄形主要为半圆形垄、梯形垄等。其筑垄过程主要有：土壤犁翻→旋耕→抛土→垅土→施肥→成型→修垄→镇压，或者土壤犁翻→施肥→旋耕→抛土→垅土→成型→修垄→镇压。甘薯起垄前需进行深翻耕整处理，越冬土地翻耕作业，一般采用铧式犁、深松机具等，如未耕地或麦茬地等种植甘薯，如秸秆较多，可先用通用性秸秆粉碎还田机碎秸还田，然后用铧式犁翻地，用旋耕机旋地至基本平整，施肥、施药等可采用通用的作业机械。

我国甘薯机械化起垄技术已有一定的发展，但机具整体水平与国外同类先进机型相比差距较大。目前，我国平原地区甘薯起垄采用机械作业面积已超过80%，但起垄高度不够、垄体紧实度差、垄体易塌陷、垄侧破坏严重、垄距不规范、机具结构强度差、可靠性低、作业效率不高等问题还较为突出；而丘陵山区或小田块的起垄机具使用率依然很低，仍以人工+微耕机起垄为主；大垄距的机具较少，复式作业功能的机具还不多。

我国专业从事甘薯起垄机械研发的科研单位和生产厂家较少，技术储备和相关投入还不足，不少地方是些小型农机制造企业生产制造，普遍存在技术水平不高、功能单一、产品可靠性差等问题。还有不少起垄机具是借用其他作物的通用机型，尚未根据甘薯种植特点研发或引进一些先进的甘薯起垄设备，距离甘薯种植高垄要求尚差一定距离。

目前，我国甘薯起垄机械的研制和生产单位主要集中在山东、江苏、河南、河北、重庆等地，主要有农业农村部南京农业机械化研究所、河南郑州山河机械厂、连云港市元帝科技有限公司、南通富来威农业装备有限公司、山东滕州市金薯王有限公司、山东费县华源农业装备工贸有限公司、山东禹城天明机械制造有限公司、重庆华士丹机械制造有限公司、大兴农机研究所等。

我国甘薯机械化起垄技术研发经历了从单一功能起垄到旋耕起垄施肥铺滴灌带等复式作业机的发展历程，目前生产上使用的主要类型有犁式起垄机（图2.1、图2.2）、微型旋耕起垄机（图2.3）、手扶配起垄机（图2.4）、旋耕起垄机（图2.5、图2.6）、起垄复式作业机（图2.7、图2.8）等。微型旋耕起垄机一次起单垄，机具体积小，适用于丘陵小地块作业；犁式起垄机和旋耕起垄施肥镇压机为牵引式作业方式，一次可起单垄或多垄，效率较高，机具体积大，适用于平原地区作业，但其起垄机械技术还需不断提档升级，尤其要提升旋耕起垄施肥联合作业机性能，以满足生产要求。

图2.1　四轮配犁式起垄施肥机

图2.2　手扶起垄犁

图2.3　微型起垄机

图2.4 手扶配起垄机

图2.5 大垄双行起垄机

图2.6 两垄旋耕起垄机

图2.7　旋耕起垄铺滴灌覆膜机

图2.8　旋耕起垄覆膜机

2.2.2　发达国家甘薯机械起垄技术现状

甘薯在美日等发达国家已实现生产全程机械化，农机农艺高度融合，其技术装备已相当成熟，尤其是起垄装备已实现标准化、系列化，机电、液压、仿形等技术早已应用。但由于国情各异，不同国家的起垄装备技术类型也有差异。

欧美等发达国家的甘薯起垄作业设备以大型化为主，配套大马力拖拉机，适宜大规模集约化生产,对我国新疆、河南等的大规模成片种植区域具有一定借鉴意义,但价格昂贵,难以适应我国的中小田块作业。代表机型如美国John Deere公司生产的四行起垄机(图2.9)、德国Grimme公司生产六行起垄机(图2.10),作业前期土壤翻耕整理精细,甚至用去石机筛除田中碎石、土块,起垄时垄型规范、整齐、美观。

图2.9 美国的四行起垄机

图2.10 德国的六行起垄机

　　日本的起垄机具主要用于火山灰土或疏松土壤作业，由于其田块相对偏小，所以以中小型为主，单垄、双垄（图2.11）、三垄（图2.12）的皆有，根据农艺需要，有起垄覆膜型（图2.13），有施包心肥型的（图2.14）。由于日本的起垄机以小型化为主，适宜中小田块作业，对我国多数甘薯种植区都有较大的借鉴价值。

图2.11　日本双垄起垄机

图2.12　日本三垄起垄机

图2.13　日本覆膜起垄机

图2.14　日本施包心肥

2.2.3　我国甘薯起垄机械技术发展方向和趋势

　　我国甘薯起垄机械正处于发展中，需求量大，但由于种植使用条件复杂多样，研发制造力量薄弱，供需矛盾突出。故而，应先易后难、分步推进，集中有限力量，先解决地势平坦、土壤条件较好的平原地区生产需要，逐步解决地形复杂、土壤黏重的丘陵地区；先满足规模化种植经营、经济基础较好的种植大户需求，逐步满足种植散户的需求，最终实现共同发展。其发展方向和趋势综合多种因素分析如下。

（1）不断提升规范现有垄作技术，提高起垄质量。不断提高整地质量（耕层要深、土块细碎），对现有中小型起垄机具的动力匹配（轮距与垄距应适从）、起垄工艺、垄体质量、犁体结构、整机配置、制造质量等进行改进提升，实现规范化、标准化，为市场提供经济适用的机具。加快甘薯起垄作业质量行业标准的制订，为提高垄作质量提供保障。

（2）加大大型和微小型起垄机具研发力度。加大宽幅大型起垄机（一次三垄以上）的研发力度，满足平原坝区种植大户大面积成片种植的高效作业需求。针对丘陵山区道路崎岖、田块碎小，适宜作业机具短缺的现状，研究轻简型作业技术，突破作业机具功率、重量与强度间的均衡适配技术，研发模块化快速组配技术，提高机具的通过性、适应性、经济性，研发实用的微小型旋耕起垄机具。

（3）加大液压、减震等技术在起垄机上的应用。甘薯起垄机工况条件复杂，工作中频繁起停、升降。由于液压传动和支撑具有惯性小、响应快等优点，可使甘薯起垄机的升降、运行、工作等更加稳定、安全可靠，并使其构件趋于模块化，从而结构更简单可靠。此外，起垄机工作时震动和噪音大，对机具寿命和操作舒适性影响较大，如何有效减小震动已成为甘薯起垄机领域亟待解决难题之一。

（4）加大仿生技术在起垄机上的应用。甘薯起垄机的起垄成型器和镇压器为触土部件，在工作过程中，这些部件与土壤摩擦造成工作阻力增大，能源消耗增加，作业质量变差，生产效率降低，拥堵严重时甚至无法工作。通过仿生学手段，可以在自然界中选择具有减黏降阻功能的生物原型，对其进行仿生学和先进材料研究，探索优异减黏脱土耐磨功能，提高起垄机关键部件作业寿命。

（5）加大智能化和自动导航技术在起垄机上应用。拖拉机和起垄机可设计安装独立模块、传感器等，通过GPS信号和智能控制系统，实现作业路线规划、作业面积自动统计和起垄高度自动控制，亦可保障在有斜坡的地块能行驶准确，保证起垄的直线度和规范性，更大限度地发挥机械效应。

2.3 甘薯种植机械技术研究现状及趋势

甘薯一般采用块根无性繁殖，先用种薯在苗床育苗，生长至一定时期后剪（或拔）取茎尖，再运至大田进行裸苗高垄人工或机械栽插作业。甘薯裸苗由于枝叶交织、形态差异大等特殊生理特性，尚难以实现高效自动分苗，所以目前全球机械移栽中基本都采用半自动栽插形式。

2.3.1 国内甘薯机械移栽技术发展现状

我国旱地作物移栽机械的研究始于20世纪50年代末60年代初，最早出现的是棉花钵苗移栽机和甘薯秧苗栽植机的试验研究。20世纪70年代开始研制裸苗移栽机械，主要用于甜菜移栽，80年代研制成半自动化蔬菜移栽机，同时也从国外引进了多种适合于移栽蔬菜、烟叶、甜菜等经济作物的移栽机械，但由于育苗技术、配套农艺、经济发展水平等诸多因素制约，甘薯移栽机的研究发展一直处于停滞状态，长期以来生产上都采用人工栽插。直至近年农村劳动力结构性短缺矛盾加剧，市场对甘薯移栽机械的需求变得十分迫切，甘薯机械移栽技术才有一定程度的发展。

总体而言，我国的甘薯移栽机研发使用尚处初级阶段，多集中在样机研发、改进、试验阶段，实用的专业型机具还十分稀缺，机具也多以复式移栽机、半自动移栽机、简易移栽器为主。

近年，国家甘薯产业技术体系与南通富来威农业装备有限公司合作，以链夹式烟草移栽机为基础，用于甘薯移栽试验研究，在压垄严重、破伤垄顶、带水移栽、栽插密度不足、秸秆地作业顺畅性差等技术问题方面取得重要进展，研究试制出适宜甘薯作业的2ZL-1型链夹式移栽样机（图2.15），该机针对不同作业环境有两种机型，即窄圆盘垄上取功镇压一体型（适宜黏重土壤区、中大垄距作业，价格较低）和垄沟取功垄上镇压分体型（适宜沙壤土区、中小垄距作业，价格略高）。该机在南京、商丘等多地开展冬闲田、长秸秆地、麦茬地的移栽试验，为进一步优化完善设计积累丰富经验。

2014年，甘薯产业技术体系研发出了2CGF型系列甘薯旋耕起垄移栽复式机（图2.16），现在南通富来威农业装备有限公司生产，该机填补了国内技术空白，突破了传统甘薯机械移栽先旋耕整地起好垄，然后再由拖拉机牵引移栽机进垄地栽插作业的习惯，在初旋的田面上，可一次完成两行旋耕、起垄、破压茬、栽插、修垄等作业，有效解决拖拉机与种植垄距的匹配性差、下田作业次数多、压垄伤垄、二次修垄等难题，为国内甘薯栽插提供了一款适用机型和一种技术思路。该机适合平原坝区或丘陵缓坡地多种土壤的栽插作业。以此机型为基础衍生形成了单行、三行等系列产品，产品已销往全国，并出口越南、古巴、韩国等国。

图2.15　2ZL-1型链夹式甘薯移栽机

图2.16　2CGF型系列甘薯移栽复式作业机

国家甘薯产业技术体系徐州甘薯研究中心以蔬菜钵体苗移栽用的吊篮式移栽机为基础，试验改进出一款适配大垄双行作业的裸苗移栽机，适合沙壤土作业，并在喂苗、浇水方式上取得一定进展，但其对苗的尺寸、直立状态有一定要求，适宜作业模式有一定局限性。

山西省农业科学院与运城市农机研究所合作研发了由大马力拖拉机牵引的可一次完成打孔、浇水、人工乘坐栽插等作业的甘薯简易移栽机（图2.17），先由起垄覆膜机完成起垄覆膜作业，再由简易移栽机入地作业，采用人工分苗、手工直接栽插入垄中，机械化程度相对较低，其在山西开展了田间性能试验。浙江省农业科学院筛选出日本井关农机株式会社生产的吊杯式蔬菜移栽机开展甘薯钵体苗移栽试验，但育苗较为麻烦，部分薯块的生长形状还不够理想。

图2.17 载水式甘薯移栽器

新疆的一家薯业公司则直接从日本井关农机株式会社购入一台单行的PVH1型自走式带夹甘薯裸苗移栽机，并开展了用于膜上移栽的适应性试验，其可完成斜插法和舟底形插法，但其喂苗速度慢、生产效率较低，无法满足大田生产需求。

2.3.2 发达国家甘薯机械移栽技术现状

发达国家中种植甘薯较多的国家是美国（种植面积约70万亩）、日本（约60万亩）、韩国（约30万亩），但其在全球种植中的比例相当少。目前美国的甘薯生产机具多以大型化为主，适宜大规模集约化生产，对我国新疆、河南、河北等省的规模化成片种植具有借鉴意义；而日韩等亚洲地区则以小型化为主，适宜中小田块作业，对我国多数甘薯种植区都有较大的借鉴价值。

美国甘薯种植主要集中在路易斯安那州、北卡罗来纳州等的大农场，以沙壤土种植为主。美国采用的移栽机主要是链夹式裸苗移栽机、垄沟取功（图2.18），其采用大马力拖拉机牵引，一次性栽插单元多达十几行，但需先起垄，再栽苗，至少由2种机具分段完成，栽植机在已起好的垄中行走，对部分垄体压伤破坏严重，且主要用于直插方式作业，主要生产企业如美国玛驰尼克公司。

图2.18　美国的链夹式移栽机

日本的甘薯种植主要分布在关东和九州地区，土壤以火山灰土为主，质地疏松。其甘薯高产栽培技术中以覆膜栽插为主。日本对甘薯机械移栽技术研究非常重视，并注重农机与育种栽培的结合，其移栽机具主要有小型自走带夹式移栽机（图2.19）、牵引式乘坐型人工栽插机、人力乘坐式破膜栽插器等形式，以小型化为主，能破膜栽插。其小型自走带夹式栽植机，由人工把苗摆放在带夹上后栽插入土，适宜火山灰土等疏松土作业，只能完成单一的栽插功能，需先由其他机具起好垄然后才能栽插，整体作业效率较低，且压实度较差，尤其是在壤土等土块不易粉碎地区，主要生产企业如日本井关农机株式会社。

图2.19 日本自走式带夹移栽机

2.3.3 我国甘薯移栽机械技术发展方向和趋势

由于国内甘薯种植具有区域广、分布地形复杂、种植土壤多样、栽种模式多等特点，因此我国甘薯机械化移栽技术的需求也是多样化的。其发展方向和趋势综合多种因素分析如下。

（1）牵引型链夹式裸苗移栽形式因具有对苗、土壤、垄型等适应强、价格相对较低等优势，仍是今后发展的主要方向，但应针对不同土壤、垄距研发相应的机型。

（2）吊篮式裸苗移栽形式由于存在对苗要求高、土壤回流差、镇压效果不理想、价格相对较高等问题，其应用受到较大制约，但在北方沙壤土区有一定市场。

（3）由于北方部分省（区）如新疆、陕西、山西、河北、山东等部分地区开始发展覆膜种植，因此，其对能适应膜上移栽种植机械技术需求迫切。

（4）由于价格低廉，能一次完成浇水、人工乘坐栽插的牵引式栽插机也有一定市场空间。

（5）由于半自动机械移栽技术采用人工分苗、喂苗，所以其生产效率整体不高，这是制约甘薯机械移栽发展的瓶颈问题。因此，农机农艺相融合，应积极培育能直播的甘薯品种，就会大大提高甘薯的移栽效率。此外，加强钵体甘薯育苗的技术研究，为发展全自动甘薯移栽机提供农艺基础。

（6）由于甘薯栽插后的浇水量较大，一般在$1 \sim 3m^3$/亩，一般机具的载水量十分有限（考虑配套动力、田间转弯等问题），难以满足如此大的需水量，如作业时停机加水，时断时续，会严重影响作业效率，故而采用先栽插、后浇水分段式作业是大规模种植的重要发展方向。

总体而言，我国甘薯机械移栽技术正处在发展初期，需求迫切，但基础薄弱。故应结合主产区特点，加强农机农艺结合，以利于机械移栽收获作业为目标，选育薯苗品种、改进规范栽培技术等，为机械作业提供先决条件。其技术发展方向亦可简要概括为：农机农艺进一步融合、裸苗移栽优先发展、重视钵苗移栽、多种栽插形式并存、先栽后浇分段作业等。

3 国内典型甘薯垄作机械研究设计

3.1 甘薯垄作机械分类

3.1.1 我国甘薯垄距规格

我国甘薯种植垄的垄形有半圆形垄、梯形垄等形式，垄高在250～350mm，种植规格有小垄单行、大垄单行、大垄双行等，垄距尺寸多样。小垄单行的种植垄距一般在650～850mm，多在土壤沙质、易干旱地区，如北方薯区；大垄单行的种植垄距一般在900～1 000mm，多在黏土、多涝地区，如长江流域；大垄双行的种植垄距一般在1 000～1 500mm，多在土质疏松的平原及后期雨水偏多的地方，如南方地区或新疆地区。多种垄距也即意味着起垄机具需求也是多样的。为实现全程机械化作业，便于与拖拉机及后续作业设备配套，推荐使用900mm的垄距，提高机具的通用性。

3.1.2 甘薯垄作机械类型

目前，国内甘薯起垄机械主要有单一功能作业机和复式作业机，其中单一功能作业机是指起垄各个环节分别使用相对独立的机具进行作业，如施肥机、起垄机、铺管机、垄上覆膜机等；复式作业机可一次完成旋耕、起垄、施肥、镇压、覆膜等作业，或能完成上述几个功能的组合，如旋耕起垄施肥机、旋耕起垄覆膜机、旋耕起垄铺管覆膜机等；还有一些起垄机组更换不同作业部件后，可以实现其他作业功能的多功能作业机组。复式作业机具有省工省力、减少机具进地次数、作业效率高、节省油料、减少对土壤压伤、缩短农时和降低生产成本等优点，是今后发展的重要方向。

甘薯起垄机械根据作业垄数可分为单垄、双垄、多垄作业机械，根据驱动动力方式可分为微型起垄机、手扶起垄机、四轮驱动起垄机，四轮驱动型又分小型、中型、大型等形式。

3.1.3　甘薯垄作塑形关键部件

3.1.3.1　垄型成形机构

甘薯垄型主要有梯形垄和半圆形垄（龟背形垄型）两种形式，不同的垄型对起垄机成形器要求不同。甘薯起垄时，单次工作行程少则几十米，多则上百米，较长的工作行程和田块复杂多变的土壤情况大大提高了垄型一致性的难度，因此，起垄成型器在工作时按照预定参数做出相应的调节以保证垄型一致非常重要。目前应用在甘薯起垄机上的垄型成型装置多为固定式，即起垄作业时起垄成形器通过强制土壤变形以达到所需垄型，图3.1为垄型成型器与田间成垄的示意图，图3.2至图3.6为市场上常见的几种垄型成形装置，主要有八字形成形器、燕翅形成形器、半圆形成形器、犁式成形器、半圆和梯形组合成形器等。

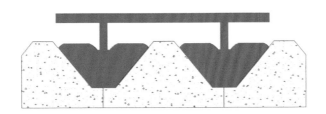

图3.1　垄型成形器与垄的剖面图

图3.2　八字形成形器

图3.3 燕翅形成形器

图3.4 半圆形成形器

图3.5 犁式成形器

图3.6 半圆和梯形组合成形器

3.1.3.2 垄型镇压塑形机构

甘薯生长需要有利的土壤环境，要求垄体具有适当的紧实度，紧实度过大或过小对甘薯的生长都不利，过大则会造成孔隙度降低，土壤通气性差，根系生长阻力增大，氧的供应量和持水能力减少，植物光合作用率下降；紧实度过低会使甘薯营养成分含量降低，对根系挤压少并影响产量。所以起垄过程中要进行适当镇压，以取得一定的紧实度，并保持垄型的持久性。目前市场上常见的垄型镇压塑形机构主要有圆锥形可调式镇压器、垄顶垄侧辊式镇压器、双翅拍打镇压板、弹簧液压组合半圆形镇压器等，如图3.7至图3.10所示。

图3.7 圆锥形可调式镇压器

图3.8 垄顶垄侧辊式镇压器

图3.9 双翅拍打镇压板　　　　图3.10 弹簧液压组合半圆形镇压器

3.1.4 研究结论

（1）我国甘薯种植垄形主要有半圆形垄、梯形垄等两种形式，垄高在250～350mm，种植规格有小垄单行、大垄单行、大垄双行等。

（2）国内甘薯起垄机械主要有单一功能作业机和复式作业机，根据作业垄数甘薯起垄机可分为单垄、双垄、多垄形式，根据驱动动力方式可分为微型起垄机、手扶起垄机、四轮驱动起垄机，四轮驱动型又分小型、中型、大型等形式。

（3）常见的几种垄型成形装置主要有：八字形成形器、燕翅形成形器、半圆形成形器、犁式成形器、半圆和梯形组合成形器，常见的垄型镇压塑形机构主要有：圆锥形可调式镇压器、垄顶垄侧辊式镇压器、双翅拍打镇压板、弹簧液压组合半圆形镇压器等。

3.2 1QL-1型起垄收获多功能机设计

针对甘薯种植田块面积偏小、土壤偏黏、区域经济不发达等的现状，设计了一款可分别实现起垄施肥镇压和挖掘收获作业功能的1QL-1型甘薯起垄收获多功能机，旨在为丘陵缓坡地、平原薄地、平原坝区（尤其是黏重土壤区）提供一种适用机具，促进该区甘薯生产机械化发展。

3.2.1 整体结构与工作原理

3.2.1.1 整机结构

1QL-1型甘薯起垄收获多功能机采用模块化设计，将起垄、镇压、施肥、挖掘、限深等关键部件设计成可拆卸模块，通过关键部件在共用平台上的变换组合，分别实现起垄施肥镇压和挖掘收获作业功能，从而实现一机多用。该机主要由悬挂架、共用平台、限深装置、起垄犁、镇压器、施肥器、挖掘犁等组成，采用三点悬挂方式与拖拉机挂接，结构简图如图3.11所示。

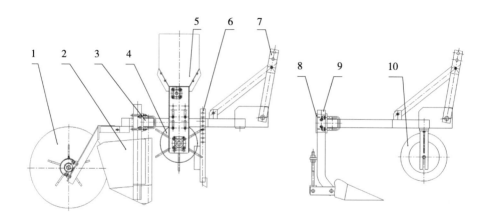

1.镇压器；2.起垄犁；3.共同平台；4.地轮；5.施肥器；6.开沟器；
7.悬挂架；8.连接架；9.挖掘犁；10.限深装置

图3.11 1QL-1型甘薯起垄收获多功能机结构简图

3.2.1.2 主要技术参数

该机的主要性能参数为：

适宜垄距：800～1 000mm；

起垄高度：≥250mm；

配套动力：25～30马力（1马力约为0.74kW，全书同）；

垄形：梯形垄；

挖掘深度：300mm可调；

纯生产率：2～3亩/h。

3.2.1.3 工作原理

起垄作业时，拖拉机牵引机具前行，起垄犁以一定角度入土（起垄高度通常在250～300mm），将土拢向中间，调节"U"形卡在平台上的安装位置可实现不同垄距的起垄作业；取功地轮通过链条传动将动力传给施肥装置，肥料从肥箱落入位于平台中部开沟器在垄上开出的沟中，安装在平台后部的镇压器依靠自重将土垄压实，达到农艺要求的紧实度，镇压器的不断转动还能起到修垄和整形的作用。通过调节两个镇压器锥形镇压辊之间的位置可适应不同垄距的镇压。

若进行收获作业，可将起垄犁、镇压器和施肥器拆掉，在平台上安装限深装置和挖掘收获犁。作业时，拖拉机牵引平台向前运动，挖掘犁以一定角度入土，由于挖掘犁的横截面为"人"字形，土垄和甘薯被翻起，并分向两侧，从而实现铺放和明薯功能，便于后续捡拾作业。限深轮通过调节架安装在平台上，调节架上设有定位长孔，可调节限深轮的安装高度，从而实现挖掘限深。

3.2.2 关键部件的设计

3.2.2.1 起垄犁

起垄犁是甘薯起垄收获多功能机的重要作业部件之一，其作用是借助垅土、成型、镇压等装置，将田土在田间实现小范围转移，使其形成预定形状和尺寸的土垄，以达到符合甘薯栽植农艺的要求。起垄犁设计要点主要包括：前行阻力小、起垄高度稳定、耐磨损、垅土性好、自洁性好、对邻垄影响小、制作工艺方便等。起垄犁主要有单翼犁和双翼犁，单翼通常多为整体式，双翼通常为侧翼可调式。本机采用自行研发的通用组配型单翼过中犁（属单翼整体式），如图3.12所示，该犁面自上至下由犁壁、犁铧和犁尖三段构成，犁壁与犁铧之间呈朝内的150°夹角，犁铧15与犁尖之间呈朝内155°的夹角，从而构成逐渐内收的三段式单翼过中起垄犁，前行时不仅可以有效将土壤聚拢，而且阻力小。该犁犁柱通过"U"形卡安装在共用平台的后部支撑架上，左右起垄犁对称配置，两犁横向间距可在800～1 000mm范围内调节。

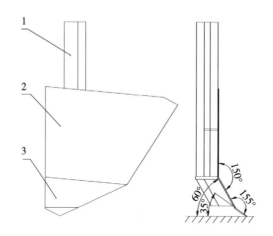

1.犁柱；2.犁壁；3.犁铧

图3.12 起垄犁结构简图

设计起垄犁时，首先应综合考虑甘薯种植农艺要求和起垄过程中的受力等。甘薯种植要求垄距一般为800~1 000mm，垄高250~300mm，垄顶宽200~250mm，垄型坡度角为45°~55°。起垄时犁铧沿水平方向切开土垡形成垄沟，切下的土垡沿着犁壁运动翻转至内侧形成土垄，其受力主要包括土壤切割阻力、土壤变形阻力、土壤翻转阻力和摩擦阻力等。犁铧采用三角和梯形组合式形状，犁尖经过热处理并有一定角度，便于入土，增加其耐磨性；犁壁采用整体式结构，且与前行方向成30°安装角，因而前行阻力小、脱土性能良好。

3.2.2.2 镇压器和施肥装置

镇压器的功用是在起垄后对土壤表层进行压碎、压实，以减小土块空隙，防止水分损失，提高垄的紧实度。本设备镇压器主要由牵引臂、支承轴、锥形垄侧镇压盘和垄顶镇压辊等组成，如图3.13所示。起垄时将镇压器通过牵引臂连接到共用平台的后方，通过自重和转动作用，对起垄犁垄起的土垄进行压缩土块间隙、进一步碎土作用，实现垄体镇压和塑形。镇压器可单独与共用平台连接进行镇压作业，也可与起垄机配套使用。

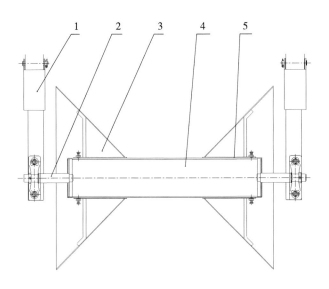

1.牵引臂；2.支撑轴；3.锥形垄侧镇压盘；4.垄顶镇压辊

图3.13　镇压器结构简图

此外，镇压器锥形垄侧镇压盘的锥形角设计为45°，比起垄犁侧向夹角55°要小，目的是使土壤有较大的形变空间，更易压实。锥形垄侧镇压盘通过螺栓固定在镇压辊上，通过调节两镇压盘之间的安装距离来适应不同垄体尺寸镇压的要求。

施肥装置主要包括肥箱、地轮、排肥器、传动机构等四部分，如图3.14所示。起垄作业时，随着机器前行，地轮接触地面做旋转运动，带动与其同轴的链轮转动，从而将动力传向安装在肥箱底部的链轮，进而带动外槽轮排肥器旋转，实现排肥。施肥装置两侧的连接板上开有长孔，通过"U"形卡安装在共用平台上，可通过调节施肥装置的安装位置以调节地轮高度，以适应不同垄高的取功需求，取功轮的可调范围为50mm。排肥装置的最大储肥量为62L，可调节底部排肥器开口大小改变肥料供给量。

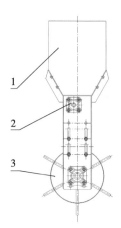

1.肥箱；2.排肥器；3.地轮；4.传动机构

图3.14 施肥装置结构简图

3.2.2.3 收获犁

为提高该机的功用，设计了起垄和挖掘收获功能，提高该机的经济性。挖掘犁挖掘收获作业时，靠挖掘犁将土壤翻起，并靠犁面对土壤的挤压，实现薯块与土壤的分离，将薯块从土里翻到地表，其后捡拾作业由人工完成，薯块的损伤率低，尤其适合黏重土壤等土壤与薯块难以分离地区的作业，对鲜食用薯和种薯等破皮要求高的具有明显的优势。该机挖掘犁主要有犁壁、犁柱、调节装置、连接架等组成，如图3.15所示。

挖掘收获犁犁面形状、入土角、挖掘深度是影响挖掘犁作业质量和前行阻力的重要因素。犁体采用对称式设计，两个具有相同几何形状的犁壁按照一定角度焊接为一体，犁壁的后侧向上弯一定角度，在完成松破土的同时使土向两侧翻转，提高明薯率，减少埋薯损失。犁面的具体结构如图3.16所示，由左右对称半犁面构成，左右半犁面的前部呈相互沿对称轴对合的三角形，左右三角形的前部如上图所示，形成112°的犁面夹角，左右半犁面的后部分别与前部形成162°的外翻角。这样的机构设计使得机具收获作业适应性明显增强，翻土碎土性能良好、前行阻力小、破损率低、明薯率高，大大提高了机具在丘陵坡地和平原坝区尤其是黏重土壤区的作业性能。

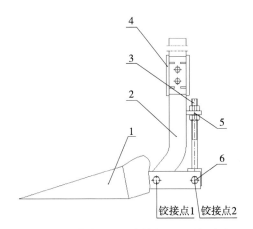

1.犁壁；2.犁柱；3.调节装置；4.连接架；5.后侧支座；6.后支板

图3.15 起垄犁结构简图

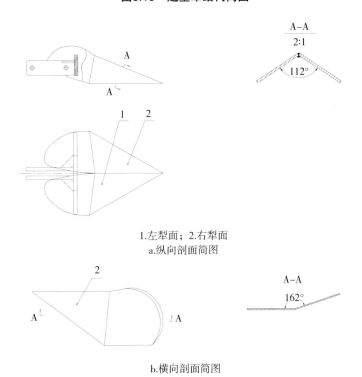

1.左犁面；2.右犁面
a.纵向剖面简图

b.横向剖面简图

图3.16 起垄犁犁面结构简图

收获犁设计有犁体入土角调节装置，以便根据不同土壤和地况来调整犁体的入土角，倾角调整采用螺杆调节原理，螺杆垂直安装在犁柱后侧支座内，犁柱与犁壁后支板铰接，当调节螺母时，螺杆在支座内上下移动，从而带动犁体围绕犁壁后支板铰接点转动，该调节装置可以实现犁体入土角的无级调节，犁体可在0°~26°（与地面夹角）的范围内移动；犁柱通过"U"形卡与连接架固定，并可在连接架内上下移动，调整挖掘犁入土深度（挖深）。安装时应确保犁面与平台的下平面距离超过400mm，防止收获时产生壅土现象。主要设计参数为：挖掘宽度为340mm，入土角调节范围为0°~26°，犁体上下调节范围为300mm。

3.2.2.4 共用平台和限深设计

为了满足"一机多用"功能和起垄、施肥、挖掘等多种作业需求，实现起垄部件和挖掘收获部件的快速方便互换，有效保证机具的刚度、强度和作业稳定性，本机采用"亚"形共用平台结构，平台的尺寸（长×宽×高）为：940mm×1 300mm×160mm；后悬挂架的长度为1 300mm。

该机采用充气橡胶限深轮来控制挖掘作业深度。调节限深轮距平台的相对高度，可实现挖掘深度的调整，距离越小挖掘越深。调整时要注意两侧限深轮的高度一致，否则会造成作业深度的不一致，影响作业效果。限深轮的调节范围为80mm。

3.2.3 试验考核情况

该机先后在江苏的六合、句容，山东梁山、曲阜、河南永城、商丘、四川南充等黏重土壤区、沙壤土区开展田间试验和性能考核。该机在河南商丘农林科学院梁园试验基地通过机械工业耕作机械产品质量检测中心的检测，田间试验如图3.17所示。

3.2.3.1 起垄试验

试验地点选在河南省商丘市农林科学院梁园试验基地院内，地势平坦，土壤类型为偏沙土壤，土壤含水率为21%，机具与黄海金马254A拖拉机配套。按照当地的甘薯起垄要求（垄距90cm，垄高28cm，垄顶宽度20cm）调整机具的相关参数，起垄前先进行旋耕，一次起一垄。试验检测结果为：垄距91.3cm，垄高

28.4cm，上底宽度29.2cm，垄形一致性为96.3%，土壤容重变化率为27%，邻接垄垄距合格率为90%。

起垄试验   挖掘收获试验

图3.17 1QL-1型甘薯起垄收获多功能机试验

3.2.3.2 收获试验

试验地点选在河南省商丘市农林科学院梁园试验基地院内，地势平坦，土壤类型为中性土壤，垄高为25cm，垄距为90cm，株距平均为21cm，作业时一次收获1行，机具与黄海金马254A拖拉机配套。试验考核表明，在该地区土壤湿度适宜（含水率15%~30%）的条件下，机具能较好地完成作业，如土壤湿度过小则土壤干燥黏结成块状，则机具作业的顺畅性受到一定影响，且薯土分离效果较差。实际检测结果为：明薯率为98.2%，伤薯率为2.2%，损失率为1.5%。

3.2.3.3 试验结果比对

目前，国内有关甘薯起垄收获机械作业质量标准还非常缺乏，现仅有北京地方标准《起垄机作业质量》（DB11/T 659—2009）、河南省地方标准《甘薯机械化起垄收获作业技术规程》（DB41/T 1010—2015），而国家标准或行业标准至今仍为空白。本机起垄、挖掘收获作业试验性能指标与北京市、河南省地方标准相应指标对比结果见表3.1，可见本机作业的各性能指标均达到或超过相关地方标准的规定。

表3.1　起垄挖掘收获试验性能指标与相关标准的对比

作业指标	相关地方标准	本机具作业指标
垄形一致性，%	≥95	96.3
土壤容重变化率，%	25~35	27
邻接垄垄距合格率，%	≥80	90
土垄横截面尺寸	符合产品设计值	符合设计要求
垄距，cm	农艺要求 ± 5	91.3
挖掘明薯率，%	≥96	98.2
挖掘伤薯率，%	≤5	2.2
损失率，%	≤3	1.5

3.2.4　研究结论和应用情况

（1）本研究设计的1QL-1型甘薯起垄收获多功能机与25～30马力中型拖拉机配套，采用三点悬挂方式连接，采用模块化设计，将起垄、镇压、施肥、挖掘、限深等关键部件设计成可拆卸模块，通过关键部件在共用平台上的变换组合，分别实现起垄施肥镇压和挖掘收获作业功能，从而实现一机多用，适合在丘陵缓坡地、平原薄地、平原坝区的沙土、沙壤土、沙浆土，尤其是黏重土壤区使用。

（2）该机在河南省商丘市农林科学院梁园试验基地性能检测，试验检测结果为：垄距91.3cm，垄高28.4cm，上底宽度29.2cm，垄形一致性96.3%，土壤容重变化率27%，邻接垄垄距合格率90%，挖掘明薯率98.2%，挖掘伤薯率2.2%，损失率为1.5%，性能指标均达到或超过相关地方标准的规定。

3.2.5　推广应用情况

该机先后在徐州天晟工程机械集团有限公司、南通富来威农机装备有限公司转化生产，并在江苏、山东、河南、安徽、四川、广西、河北、广东等甘薯主产区推广应用，尤其适合黏土地区或丘陵小田块使用，为甘薯产业发展提供了一款实用的机具。

3.3 1GQL-2型起垄覆膜复式机设计

甘薯起垄覆膜种植不仅保温保墒、改善土壤物理性状，而且能有效提升甘薯产量，起垄覆膜种植在我国北方薯区有一定的市场。欧、美、日等国家和地区机械化起垄覆膜装备结构复杂精巧、成熟可靠，起垄覆膜作业已经实现了机械化、自动化。但我国甘薯机械化起垄覆膜技术研发起步晚、投入小、发展慢，多为小型机械、改型机械，缺少专用机具，对农机与农艺融合问题研究不足，对起垄覆膜的工作原理、影响因子还缺乏深入研究，起垄覆膜不规范、效果差、农膜易破易皱、覆土不达标、作业效率偏低等问题较突出，为解决上述问题，研发一款1GQL-2型起垄覆膜复式作业机，不仅能一次完成起垄、铺滴灌带、覆膜等作业，还能实现一次两垄作业，有效提高生产效率，为中大田块、偏沙性地区甘薯生产提供一款适宜机具，促进该区甘薯生产机械化发展。

3.3.1 整体结构与工作原理

3.3.1.1 甘薯垄形、覆膜特点及农艺要求

甘薯生产中常见的垄形有：半圆形垄和梯形垄。实际生产中梯形垄的应用最为广泛，故本研究选用梯形垄（图3.18），参数要求为：$200\text{mm} \leqslant F \leqslant 240\text{mm}$，$500 \leqslant D \leqslant 700\text{mm}$，$250 \leqslant H \leqslant 300\text{mm}$，$850 \leqslant K \leqslant 1\,100\text{mm}$，其中，$F$ 为垄顶宽，D 为垄底宽，H 为垄高，K 为垄距。

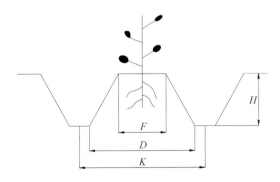

F 垄顶宽；*D* 垄底宽；*H* 垄高；*K* 垄距

图3.18 甘薯垄形结构简图

按农艺要求，膜厚度为0.008mm或0.01mm，宽度1 000mm，需均匀的覆盖在垄面上，膜边应压实，不能有漏覆和破裂现象。机械化覆膜要展得平，封得严，薄膜的机械损伤度和展平度要符合要求。

3.3.1.2 整机结构及工作原理

1GQL-2型甘薯双行旋耕起垄覆膜复式机主要由机架、旋耕部件、起垄犁、滴灌带组件、过渡槽、塑形轮、放膜机构、压膜机构、镇压轮、覆土机构等组成（图3.19），可以一次完成旋耕、起垄、覆膜、铺滴灌带、压膜、镇压、覆土等工序。其采用模块化设计，旋耕起垄功能组件、滴灌带组件、覆膜机构均为独立模块，可根据生产需求进行拆卸组合，实现旋耕起垄作业，或实现旋耕起垄铺滴灌带作业，或实现旋耕起垄铺滴灌带覆膜作业，或实现旋耕起垄覆膜作业等。

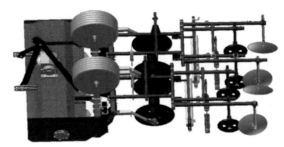

a. 三维图

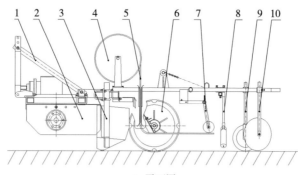

b. 平面图

1.机架；2.旋耕部件；3.起垄犁；4.滴灌带组件；5.过渡槽；6.塑形轮；
7.放膜机构；8.压膜机构；9.镇压轮；10.覆土机构

图3.19 1GQL-2型甘薯双行旋耕起垄覆膜复式机简图

该机与大马力拖拉机三点悬挂连接，配套动力55.13～80.85kW。作业前先将整卷薄膜装在放膜机构7上，将整卷滴灌带装于安装架上。田间作业时，拖拉机近匀速平稳前进，拖拉机后动力输出轴将动力提供给旋耕部件2对土壤进行旋耕作业，然后起垄犁3将土壤翻到中间形成垄体，被翻一侧形成垄沟，形成的初步垄体被塑形轮6镇压塑形成标准垄，滴灌带组件4上的滴灌带引出端压在土中，在拖拉机牵引作用下将滴灌带通过过渡槽5输送到垄顶一侧，匀速旋转在垄顶铺放出滴灌带，然后放膜机构7在拖拉机前行牵引拉力和镇压轮作用下，旋转放膜覆盖整个垄面，覆土机构从垄沟取土压在膜边，完成了整个作业。该机主要结构参数及工作参数见表3.2。

表3.2 1GQL-2型甘薯旋耕起垄覆膜机工作参数

项目	数值	项目	数值
作业幅宽/mm	1 800	开沟深度/mm	60～100可调
配套动力/kW	55～80	平均展平度/%	≥95
最宜垄距/mm	900	采光面机械损伤度/（mm/m^2）	≤15
前行速度/（m/s）	0.2～0.4	适宜土壤类型	偏沙性土壤

3.3.2 关键部件的设计

3.3.2.1 起垄犁设计

起垄犁的作用是将土壤聚拢形成垄形的初始形状，它的结构形式和外形尺寸直接决定了垄体的初始质量。

起垄犁设计原则包括：前行阻力小、可靠性高、拢土性能好、自洁性强、对邻垄影响小及制作工艺方便等。本机由两把单翼犁和中间一把双翼犁组成，作业时左右两侧翼犁与中间犁形成左右两条垄，由于左右两单翼犁对称配置，在结构形式上是借用1QL-1型甘薯起垄收获多功能机的单翼犁（图3.12），这里就不再赘述了，故本研究主要以中间犁为研究对象开展设计。

根据垄体的尺寸要求，先基本确定中间犁的结构尺寸。确定犁体高度U为

400mm，犁宽T为640mm，在犁宽T确定后，犁翼角β的大小与犁体的前进阻力有直接关系。

由于起垄犁与土壤相互作用涉及复杂的接触问题、高度非线性问题以及材料退化和失效问题，在与土壤相互作用的过程中，既对土壤产生剪切作用，又使土壤发生体积变化。犁体运动过程与土壤、杂物的相互作用力非常复杂，因此本研究做如下基本假设。

①忽略地面的不平现象，近似地认为地面为平面；②起垄犁前行速度恒定，其值与牵引机构的速度相同；③土壤中没有较大的硬石块等干扰物，土壤在耕作层内物理性质不随深度变化。

犁体总阻力主要受土壤类型、内摩擦因数、附着力因数、内聚力和挖掘铲对土壤作用的纯切削阻力等因素影响。本机由两侧单翼犁和中间的双翼犁组成，假设两单翼犁受力之和等于双翼犁，由于水平方向无运动，可知犁体水平方向作用力平衡，则运动学方程见式（3.1），犁体受力见图3.20：

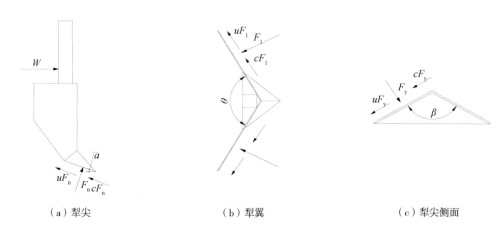

（a）犁尖 　　　　　　　（b）犁翼 　　　　　　　（c）犁尖侧面

W为机具对犁体牵引力，N；u为犁体与土壤摩擦因数；c为土壤内聚力因数，N/m²；a为犁尖入土角，（°）；β为犁尖夹角，（°）；θ为犁翼角，（°）；F_1为土壤对犁尖上表面切向载荷，N；F_1为土壤对犁面的阻力，N；F_y为土壤对犁尖上表面法向载荷，N；F_n为土壤对犁尖底法向载荷，N

图3.20　犁体受力图

$$\frac{1}{2}W = 2F_1\sin\frac{\theta}{2} + 2(u+c)F_1\cos\frac{\theta}{2} + F_n\cos\alpha + F_y\cos\frac{\beta}{2} \qquad \text{式（3.1）}$$

式中，W 为机具对犁体牵引力，N；F_1 为土壤对犁面的阻力，N；θ 为犁翼角，（°）；u 为犁体与土壤摩擦因数；c 为土壤内聚力因数，N/m^2；F_n 为土壤对犁尖底法向载荷，N；α 为犁尖入土角，（°）；β 为犁尖夹角，（°）；F_y 为土壤对犁尖上表面切向载荷，N。

因为犁体有入土角 α，入土角大小对犁入土性能影响很大，因此，机具在前进过程中，犁体要在垂直方向上受力平衡，需满足条件：

$$F_n\cos\alpha + F_n(u+c)\sin\alpha - G_1 - G_2 = 0 \qquad \text{式（3.2）}$$

式中，F_n 为土壤对犁尖底法向载荷，N；G_1 为机具对犁尖牵引力，N；G_2 为机具对犁尖下压力，N。将式（3.2）带入式（3.1），则犁体水平方向作用力的数学模型为：

$$\frac{1}{2}W = 2F_1\sin\frac{\theta}{2} + 2(u+c)\,F_1\cos\frac{\theta}{2} + \frac{(G_1+G_2)\cos\alpha}{\cos\alpha+(u+c)\sin\alpha} + F_y\cos\frac{\beta}{2} \qquad \text{式（3.3）}$$

式中，W 为机具对犁体牵引力，N；F_1 为土壤对犁面的阻力，N；θ 为犁翼角，（°）；F_n 为土壤对犁尖底法向载荷，N；β 为犁尖夹角，（°）；α 为犁尖入土角，（°）；F_y 为土壤对犁尖上表面法向载荷，N。

经过理论推算与多次实际试验证明：犁翼角 $\theta<90°$ 时，旋耕起垄能力下降；$\theta>100°$ 时，受土壤阻力明显过大，取犁翼角 $\theta=100°$。入土角 $\alpha>8°$ 时，作业阻力加大，严重时不能入土；入土角 $\alpha<6°$ 时，深松深度不足，严重时也不能入土，确定开沟犁尖的入土角 $\alpha=7°$，这两个主要设计值的选取可保证土壤在开沟犁铲上流动通畅，确保犁尖入土效果，对保证整个垄形的轮廓尺寸及垄体质量有重要意义。

3.3.2.2 仿形镇压机构

仿形镇压机构的主要作用是对初步形成的垄体表面土壤进行压碎、压实、压紧，以减小土块间空隙，有效稳固垄形，增强垄体蓄水能力，并增大垄体间土壤的紧实度，利于后期甘薯块根生长膨大。

仿形镇压机构（图3.21）主要由机架1、铰接架2、镇压装置3、轴承固定座4

等组成。作业时，土壤受到镇压装置3的挤压摩擦力，将镇压装置3与轴承固定座4相连，两者之间为滚动挤压摩擦，边挤压边滚动，可以大大减小前行镇压机构的前行阻力，降低功耗。镇压装置锥形垄侧镇压盘的锥形角设计为45°，比起垄犁侧向夹角55°要小，目的是使土壤有较大的形变空间，更易压实。

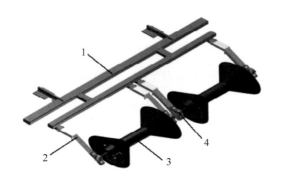

1.机架；2.铰接架；3.镇压装置；4.立式座轴承

图3.21　仿形镇压机构简图

　　镇压垄面前，垄顶及垄侧可能会有较大的土块，在挤压塑形垄体时，会受到垄体的反向力，通常镇压装置都是用薄钢板焊接而成一个梯形或半圆形，高频作业和长时间作业过程中，受到垄侧的挤压力及不确定的恶劣条件影响，边缘容易变形受损，因此需要一定的结构强度，但同时为了不压坏垄体也要求不宜太重，因此在其内侧焊接了加强板及加强杆，总重量控制在45kg以内。

3.3.2.3　覆膜机构

　　（1）基本结构与原理。覆膜机构主要由机架1、放膜机构2、顺膜装置3、压膜轮4及覆土机构5组成（图3.22）。作业前，先将一段薄膜拉出至压膜轮4后方用土壤压住，压膜轮4压在膜边侧上，然后在拖拉机前行牵引力作用下，放膜机构2上的膜辊自动绕轴心旋转放膜，后经顺膜装置3轻压在垄面上，同时，压膜轮4将膜压贴在垄侧，后面覆土机构5上的覆土圆盘从垄沟带起的土覆到垄侧面的中下方，将膜边压实、压紧，完成覆膜作业。

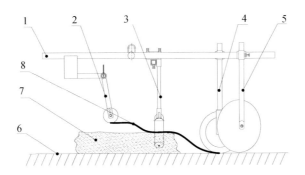

1.机架；2.放膜机构；3.顺膜装置；4.压膜轮；5.覆土机构；6.垄沟面；7.垄体；8.薄膜

图3.22　覆膜原理简图

（2）薄膜基本特性研究。覆膜是本机重要工序。由于作业条件恶劣及薄膜轻薄易损，作业时，薄膜受力情况复杂，并且经常出现拉裂、压破、覆膜不均匀等问题。因此需要对薄膜材料特性进行分析研究。

薄膜属于柔性材料，只有面内刚度而无面外刚度，只能承受轻微拉力而不能承受压力、弯矩等作用，主要通过曲率变化来平衡外荷载，有纯拉、褶皱和松弛3种状态。

假设薄膜上任意一点的主应力为δ_1和δ_2（$\delta_1 \geqslant \delta_2$），则由应变产生的分应力为（$\delta_x$，$\delta_y$，$\zeta_{xy}$），那么通过该点的分应力可计算出其主应力方程为：

$$\delta_1 = \frac{\delta_x + \delta_y}{2} + \frac{1}{2}\sqrt{\left(\delta_x - \delta_y\right)^2 - \zeta_{xy}^2} \qquad 式（3.4）$$

$$\delta_2 = \frac{\delta_x + \delta_y}{2} + \frac{1}{2}\sqrt{\left(\delta_x - \delta_y\right)^2 - \zeta_{xy}^2} \qquad 式（3.5）$$

这样，主应力准则可表述为：

①当$\delta_1 > 0$时，薄膜处于纯拉状态；②当$\delta_1 > 0$，$\delta_2 \leqslant 0$时，薄膜处于单向褶皱状态；③当$\delta_1 \leqslant 0$时，薄膜处于双向褶皱状态。

通过计算薄膜基本特性并结合大量田间试验数据，研究其在不同受力状态下的拉伸、破损、褶皱程度，进而调整机架、放膜机构、顺膜装置、压膜机构及覆土机构之间的大致关系，并通过大量田间试验进一步确定上述各部件的作业参数，确保覆膜机构在作业时不会压破薄膜，并将其可靠地覆盖在垄面上。

（3）压膜覆土装置设计。压膜覆土装置是影响覆膜性能的关键部件，主要由压膜轮和覆土轮组成。覆膜是本机重要工序，压膜不好会导致地膜产生褶皱、破裂、压不住等问题，从而导致覆膜作业失败，影响机具作业顺畅性、降低保温保墒能力，进而会影响农作物产量。

压膜轮的作用是把覆盖在垄面上地膜两侧边压入已开出的膜沟内，并使地膜横向拉紧，然后由覆土压平。压膜轮材料通常有为金属、尼龙、橡胶等。压膜轮还应该具有一定的轮缘宽度、合适的直径及合适的重量。其中最关键的因素是直径大小和宽度。由于在相同的速度下，同等重量的压膜轮直径越小，镇压地膜的时间就越短，效果越差。为保证压紧压实薄膜边缘，采用实心橡胶压膜轮。总体设计（原理简图见图3.23所示）应满足如下要求。

①压膜轮工作时必须转动灵活；②压膜轮的下压力应能调节；③在结构上压膜轮前后及左右位置均能调节。

工作时不应损害地膜，根据图3.23可以计算出压膜轮半径需满足条件：

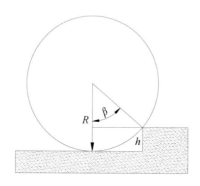

β为压膜轮翻转角，（°）；R为压膜轮半径，mm；h为下压深度，mm

图3.23　压膜轮原理简图

$$R \geqslant \frac{h}{1-\cos\beta} \qquad\qquad 式（3.6）$$

式中，*R*为压膜轮半径，mm；*h*为下压深度，一般*h*≤15mm；*β*为压膜轮翻转角，一般*β*≤20°。经计算可得，压膜轮半径大于290mm，经过圆整，取其最小半径为300mm。

对于压膜轮的宽度，其尺寸应参考开沟宽度而定。如果压膜轮宽度过大，则地膜很难被压入沟底，会严重影响覆膜的效果，但是如果压膜轮的宽度过小，又会使地膜由于所受压强过大而导致破裂，影响了保温保墒的效果。一般来讲，开沟器所开沟宽为30～50mm，本设计选45mm。

3.3.3　试验考核情况

3.3.3.1　试验条件及现场

试验地点选在河南省商丘市农林科学院梁园基地试验田（现场试验见图3.24），试验田为传统翻耕地（起垄）和两年固定垄茬地（修垄）。土壤为沙壤土，试验用聚氯乙烯薄膜，厚度为0.008mm，试验分别测定起、修垄作业后的垄形尺寸和垄面平整度等数据，综合分析机具的田间适应性和可靠性。对试验地的含水率和坚实度进行测试，确定平均含水率为25.6%，坚实度0.201kN/cm^2，同时，由于在覆膜过程中风会吹动薄膜影响压膜效果，测定风速为0.5m/s。

图3.24　1GQL-2型甘薯起垄覆膜复式机田间覆膜试验

3.3.3.2　试验设计及结果分析

多次田间试验表明，前行速度、旋耕深度、压膜机构高度3个试验因素对起垄覆膜作业质量影响较大，因此以这3个因素进行3因素3水平正交试验，测试上述因素对评价甘薯起垄覆膜作业质量最为重要的垄形参数合格率Y_1、采光面机械破损度Y_2及采光面展平度Y_3三个指标的影响。试验中，每50m为1组，每1组分50段，每段1m，共20组。分别测试每组垄形参数合格率Y_1、采光面机械破损度Y_2及采光面展平度Y_3，取平均值。试验因素与水平设计见表3.3，试验方案见表3.4。

（1）垄形参数合格率Y_1：

$$Y_1=(l_1+l_2+\cdots+l_i+\cdots+l_n)/n \qquad 式（3.7）$$

式中，Y_1为垄形参数平均合格率，%；l_i（$i=1，2，\cdots，20$）为第i组垄形参数合格率，%；n为总个数。结合本设计，将本试验垄合格标准定为：垄高$H=280mm$，垄顶宽$F=220mm$，垄底宽$D=650mm$，垄距$K=900mm$。

（2）采光面机械破损度Y_2：

$$Y_2=1\,000\sum l_i/Lb \qquad 式（3.8）$$

式中，Y_2为采光面机械破损度，mm/m^2；l_i（$i=1，2，\cdots，50$）为第i段机械破损长度，mm，当$l_i>5$时即视为机械破损；L为总长度，m；b为采光面宽度平均值，m。

（3）采光面展平度Y_3：

$$Y_3=b/G \qquad 式（3.9）$$

式中，Y_3为采光面展平度，%；b为采光面宽度平均值，m，当$b>10$时即视为影响了采光面展平度；G为展平后采光面宽度平均值，m。

表3.3　起垄覆膜试验因素与水平

水平 Level	A，前行速度/（m/s） Operating speed	B，旋耕深度/mm Depth of rotary tillage	C，压膜机构高度/mm Height of pressing film
1	0.2	300	320
2	0.3	350	360
3	0.4	400	400

在多次田间试验过程中，机具作业顺畅，起垄的合格率达98%以上，覆膜效果良好合格率基本95%以上，通过研究分析传统机具起垄质量差、覆膜效果不好、作业效率低的影响因素，进一步确立各结构最优工作参数。

3.3.3.3 数据处理

（1）各因素对起垄覆膜质量指标的影响。试验结果和极差分析见表3.4。极差分析表明，垄形参数合格率Y_1各试验因素水平的较优组合为$A_2B_3C_3$，因素主次作用顺序为：前行速度>旋耕深度>压膜机构高度；采光面机械破损度Y_2各试验因素水平的较优组合为$A_1B_3C_2$，因素主次作用顺序为：压膜机构高度>旋耕深度>前行速度；采光面展平度Y_3各试验因素水平的较优组合为$A_2B_3C_2$，因素主次作用顺序为：前行速度>压膜机构高度>旋耕深度。

表3.4 起垄覆膜试验方案及结果

试验号 Test number	A，前行速度/（m/s） Operating speed	B，旋耕深度/mm Depth of rotary tillage	C，压膜机构高度/mm Height of pressing film	Y_1，垄形参数合格率/% Ridge rate	Y_2，采光面机械破损度/（mm/m²） Mechanical damage of surface	Y_3，采光面展平度/% Flat of surface
1	1	1	1	93.8	23	93.5
2	1	2	2	94.6	14	95.4
3	1	3	3	96.8	16	94.4
4	2	1	2	96.3	15	97.8
5	2	2	3	97.4	20	96.2
6	2	3	1	97.9	21	96.3
7	3	1	3	93.1	22	94.1
8	3	2	1	93.5	25	93.5
9	3	3	2	94.2	13	95.3

（续表）

试验号 Test number	A，前行速度/（m/s） Operating speed	B，旋耕深度/mm Depth of rotary tillage	C，压膜机构高度/mm Height of pressing film	Y_1，垄形参数合格率/% Ridge rate	Y_2，采光面机械破损度/（mm/m²） Mechanical damage of surface	Y_3，采光面展平度/% Flat of surface
Y_1，垄形参数合格率/% Ridge rate	K_{11}		285.6	283.2	285.5	
	K_{12}		291.6	285.6	285.2	
	K_{13}		280.8	288.6	287.7	
	极差		10.8	5.4	2.2	
	因素主次	$A_2B_3C_3$				
Y_2，采光面机械破损度/（mm/m²） Mechanical damage of surface	K_{21}		53	60	69	
	K_{22}		56	59	42	
	K_{23}		60	48	58	
	极差 Range		7	12	17	
	因素主次	$C_2B_3A_1$				
Y_3，采光面展平度/% Flat of surface	K_{31}		283.1	285.4	283.3	
	K_{32}		290.3	285.1	288.5	
	K_{33}		282.9	285.7	284.4	
	极差 Range		7.4	0.6	5.2	
	因素主次	$A_2C_2B_3$				

注：K_{jt}为第j（j=1，2，3）列水平为t（t=1，2，3）的结果之和

方差分析表明：对于垄形参数合格率指标，在95%的置信度下，前行速度影响及旋耕深度影响显著，压膜机构高度影响不太显著。对于采光面机械破损度指标，在95%的置信度下，压膜机构高度影响非常显著，前行速度及旋耕深度影响显著。对于采光面展平度指标，在95%的置信度下，前行速度影响非常显著，压膜机构高度影响显著，旋耕深度影响不显著。

（2）各因素的综合优化。由起垄覆膜试验结果可知，3个指标的影响因素主次顺序和较优组合水平均不相同，为分析各因素对起垄覆膜质量综合影响效果，本研究采用模糊综合评价法开展综合优化，选出使3个指标都尽可能达到最优的参数组合。为消除3个评价指标量纲和数量级不同的影响，对垄形参数合格率Y_1、采光面机械破损度Y_2及采光面展平度Y_3进行处理，转换为指标隶属度值。评价因素中，Y_1、Y_3均为偏大型指标（越大越好），Y_2为偏小型指标（越小越好）根据式（3.10）、式（3.11）建立隶属函数，得出指标Y_1、Y_3隶属度值r_{1n}、r_{3n}，见表3.5。隶属度值构成模糊关系矩阵R_r为：

$$r_{in} = \frac{Y_{in} - Y_{i\min}}{Y_{i\max} - Y_{i\min}} \ (i=1, \ 3; \ n=1, \ 2, \ \cdots, \ 9) \qquad 式（3.10）$$

$$R_r = \begin{pmatrix} r_{11} \ r_{12} \ r_{13} \ r_{14} \ r_{15} \ r_{16} \ r_{17} \ r_{18} \ r_{19} \\ r_{31} \ r_{32} \ r_{33} \ r_{34} \ r_{35} \ r_{36} \ r_{37} \ r_{38} \ r_{39} \end{pmatrix} \qquad 式（3.11）$$

式中，r_{in}为第n次试验垄形参数合格率Y_1、采光面展平度Y_3的隶属度值；Y_{in}为第n次试验指标值；$Y_{i\max}$为指标Y_{in}的最大值；$Y_{i\min}$为指标Y_{in}的最小值；R_r为由r_{1n}、r_{3n}构成的模糊关系矩阵。

$$r_n = \frac{Y_n - Y_{\min}}{Y_{\max} - Y_{\min}} \ (n=1, \ 2, \ \cdots, \ 9) \qquad 式（3.12）$$

$$R_r = \begin{pmatrix} r_{21} \ r_{22} \ r_{23} \ r_{24} \ r_{25} \ r_{26} \ r_{27} \ r_{28} \ r_{29} \ r_{30} \end{pmatrix}$$

式中，r_n为第n次试验采光面机械破损度Y_2的隶属度值；Y_n为第n次试验指标值；$Y_{\max}$为指标Y_n的最大值；$Y_{\min}$为指标Y_n的最小值；R_r为r_{2n}构成的模糊关系矩阵。

根据机具3个性能指标的重要性，确定本试验权重P=（0.4，0.4，0.2）分配集，即垄形参数合格率Y_1、采光面机械破损度Y_2及采光面展平度Y_3的权重分别为0.4、0.4、0.2。由模糊矩阵R_r与权重分配集P确定模糊综合评价值集W=P，综合评分结果见表3.6中W_x列。将综合评分结果进行极差分析（表3.7），结果表明，综合影响起垄覆膜作业质量的主次因素为：$A>B>C$，最优参数组合为$A_2C_2B_3$，即前行速度0.3m/s，压膜机构高度360mm，旋耕深度400mm。

表3.5 起垄覆膜作业质量指标方差分析

指标Index	方差来源 Factors	离差平方和SS	自由度 DF	平均离差平方和MS	F值 Fvalues	显著水平P Significant level
Y_1，垄形参数合格率/% Ridge rate	A	19.662	2	9.831	71.355	0.014
	B	5.482	2	2.741	19.895	0.048
	C	1.029	2	0.514	3.734	0.211
Y_2，采光面机械破损度/ （mm/m^2） Mechanical degree of surface	A	8.222	2	4.111	37.000	0.026
	B	20.222	2	10.111	91.000	0.011
	C	122.889	2	61.444	553.000	0.002
Y_3，采光面展平度/% Flatof surface	A	12.007	2	6.003	112.563	0.009
	B	0.060	2	0.030	0.562	0.640
	C	5.007	2	2.503	46.938	0.021

注：$P<0.01$，极显著；$0.01 \leqslant P \leqslant 0.05$，显著；$P>0.05$，不显著

表3.6 起垄覆膜作业质量综合评分结果

试验号 Number	垄形参数合格率隶属度r_{1n} Membership values of ridge rate	采光面机械破度隶属度r_{2n} Membership values of mechanical damage of surface	采光面展平度隶属度r_{3n} Membership values of flat of surface	评分Wx Score
1	0.146	0.254	0	0.125
2	0.313	0.917	0.442	0.580
3	0.771	0.750	0.139	0.636
4	0.667	0.833	1	0.800
5	0.896	0.417	0.628	0.651
6	1	0.333	0.651	0.664

（续表）

试验号 Number	垄形参数合格率 隶属度r_{1n} Membership values of ridge rate	采光面机械破度隶属度r_{2n} Membership values of me- chanical damage of surface	采光面展平度隶属度r_{3n} Membership values of flat of surface	评分Wx Score
7	0	0.25	0.139	0.128
8	0.083	0	0	0.033
9	0.229	1	0.419	0.575

表3.7　起垄覆膜质量影响因子综合评分极差分析

项目 Item	A，前行速度/（m/s） Operating speed	B，旋耕深度/mm Depth of rotary tillage	C，压膜机构高度/mm Height of pressing film
K_1	1.341	1.053	0.822
K_2	2.114	1.264	1.955
K_3	0.737	1.875	1.414
极差Range	1.377	0.822	1.133
因素主次 Sequence of factors		ACB	
最优组合 Optimal decision		$A_2C_2B_3$	

注：$K_1 \sim K_3$分别表示各因素各水平下综合评分的总和

3.3.4　研究结论

（1）本研究设计的1GQL-2型甘薯双行旋耕起垄覆膜复式机主要由机架、旋耕部件、起垄犁、滴灌带组件、过渡槽、塑形轮、放膜机构、压膜机构、镇压轮、覆土机构等组成，与大马力拖拉机三点悬挂连接，配套动力55.13～80.85kW，可以一次完成旋耕、起垄、覆膜、铺滴灌带、压膜、镇压、覆土等工序，可一次两垄作业。该机采用模块化结构，将旋耕起垄功能组件、滴灌带组件、覆膜机构设计为独立模块，可根据生产需求进行拆卸组合，实现旋耕起垄、铺滴灌带、覆膜等不同组合，为中大田块、偏沙性地区甘薯生产提供一款性价比高的实用机具。

（2）本研究对影响甘薯起垄覆膜的关键部件进行力学分析和大量试验，发现甘薯种植起垄覆膜不规范、效果差主要与机具前进速度、压膜机构、旋耕深度及覆土机构的最优结构参数、工作参数及协调性有很大关系。

（3）本机型采用仿垄形镇压原理，仿垄形镇压轮强度高、重量轻，并且锥形角为45°，有效解决了常见的垄形易塌陷、压扁问题，提高了仿形精确度和稳定性；为提高覆膜质量，放膜机构、压膜机构、镇压轮及覆土机构协调工作，作业前需调整覆土轮与前进方向夹角为35°～50°，调整好镇压轮最低端压在垄侧面上。

（4）采用理论设计与试验研究相结合的方法，对起垄覆膜的影响因子及各部件间最优结构参数、工作参数、协调关系进行分析，试验证明影响甘薯起垄覆膜作业质量的主次因素顺序为：前行速度>压膜机构高度>旋耕深度，其优选参数组合为：前行速度0.3m/s、压膜机构高度360mm、旋耕深度400mm，此时垄形参数合格率99.2%、采光面机械破损度为10mm/m²及采光面展平度为96.8%。

3.3.5 推广应用情况

该研发成果先后在徐州天晟工程机械集团有限公司、南通富来威农机装备有限公司、江苏金秆农业装备有限公司等农机骨干企业转化生产，形成的"1GQL-2型甘薯旋耕起垄机"增补进入《2013—2015年江苏省支持推广的农业机械产品目录》、进入《2015—2017年国家支持推广的农机产品目录补贴》，已在江苏、河南、河北、山东、安徽等甘薯主产区推广应用，为平原坝区、丘陵缓坡地的中大田块、偏沙性土壤、黏土地区甘薯生产提供一款性价比高的多功能实用机具。

4 国内典型甘薯种植机械研究设计

甘薯一般采用块根无性繁殖，先用种薯在苗床育苗，生长至一定时期后剪（或拔）取茎尖，再运至大田进行裸苗高垄栽插作业，因此，移栽是甘薯生产的重要环节之一，用工量约占生产全程的23%。由于甘薯种苗枝叶交织、形态差异大等特殊生理特性，所以还无法实现机械手高效自动分苗取苗，所以目前全球机械移栽中基本都采用半自动栽插形式。本次研究开展了一款典型甘薯移栽机2CGF-2型甘薯复式移栽机的研究设计。

4.1 薯苗栽植特点及要求

一般蔬菜、烟草、棉花等品种育苗移栽，多要求地上部茎秆直立、地下根系少受弯曲，而甘薯苗栽插却有其特殊要求。因为甘薯是靠入土苗体节结处生根结薯，所以入土节结要多（一般3~4个），但又要求其栽插深度不宜太深（60~100mm），以保障通气性良好，结薯又多又大。故而生产上甘薯秧苗栽插方式主要有：斜插法、直插法、舟底形插法和水平插法等，如图4.1所示。

斜插法以秧苗倾斜地面60°~70°的方式插入土垄中，苗根部与水平面夹角约为30°，薯苗入土节数较多，且入土深度适宜，有利于抗旱增产，是目前甘薯生产中应用最为广泛的一种栽插方式。直插法是将甘薯苗直接垂直插入土中的方法，一般薯苗下部2~3节插入土中，深约100mm，易成活、膨大快、大薯多，多在山坡旱地、贫瘠沙土地使用。舟底形插法是将薯苗头尾翘起如船底形，入土深50~70mm，距离土层较近部位节位利于结薯，但入土较深的位置结薯较少，利于土壤肥沃地区使用。水平插法是将薯苗较长的一段栽入50~70mm的土中呈水平形态，所需薯苗较长，结薯较多且均匀，但抗旱性较差。从农机农艺相结合的角度出发，较适合机械栽插作业的是斜插法和直插法，因此甘薯移栽机的研发也多以这两种栽插形式中的一种或两种为主。

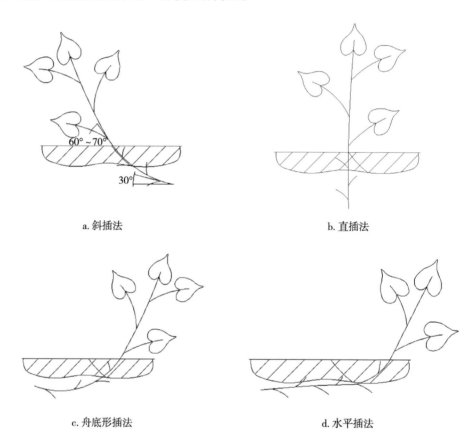

a. 斜插法　　　　　　　　　　　　b. 直插法

c. 舟底形插法　　　　　　　　　　d. 水平插法

图4.1　甘薯秧苗主要栽插形式

4.2　2CGF-2型甘薯移栽复式机设计

针对目前甘薯机械栽植中需下田机具动力多、作业效率不高、易压垄伤垄、作业质量差等突出问题，结合甘薯种植农艺，研究分析薯苗栽植运动轨迹、关键结构参数等，研制出一种填补国内技术空白的链夹式甘薯旋耕起垄栽植复式作业机具，该机采用非零速栽插工作原理，链夹运动轨迹为余摆线，以斜插法为主，与大马力拖拉机相配套，并开展了田间试验研究与参数优化。

4.2.1 整机结构与工作原理

4.2.1.1 整机结构

研制的2CGF-2型甘薯复式栽植机主要由旋耕起垄破茬、开沟放苗栽植、修垄整形三部分组成，其与大马力拖拉机配套，可一次完成两垄甘薯的旋耕、起垄、破压茬、开沟、栽插、修垄等作业，其基本结构如图4.2所示。

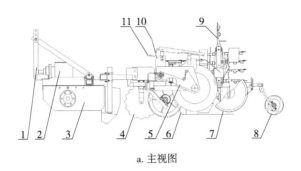

a. 主视图

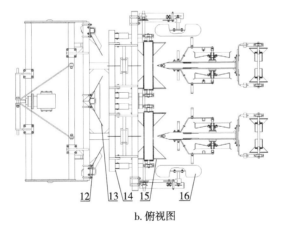

b. 俯视图

1.悬挂架；2.旋耕组件；3.侧向封土板；4.齿形破茬刀；5.传动调节系统；6.开沟器；
7.圆盘镇压器；8.修垄机构；9.链夹喂苗机构；10.座椅；11.调节螺杆；12.起垄侧翼犁；
13.起垄中间犁；14.机架；15.垄形镇压辊；16.驱动地轮

图4.2 2CGF-2型甘薯复式栽植机结构

主要构成部件有悬挂架、旋耕组件、起垄犁、垄形镇压辊、齿形破茬刀、座椅、喂苗机构、驱动地轮、传动调节系统、开沟器、圆盘镇压器、修垄机构等。拖拉机后动力通过万向节输出至旋耕组件碎土整地，并起垄作业；在拖拉机牵引前行作用下，行走在垄沟中的地轮通过传动系统驱动移栽喂苗机构，实现斜插栽植作业，避免传统结构驱动镇压器从垄顶行走而严重毁坏垄面情况。该机主要结构参数及工作参数见表4.1。

4.2.1.2 主要工作参数

表4.1 2CGF–2型甘薯复式栽植机结构参数及工作参数

项目 Item	数值Value
型式	牵引式
整机长×宽×高/（mm×mm×mm）	2 920×2 200×1 305
作业幅宽/mm	1 800
配套动力/kW	55.13～80.85
最宜垄距/mm	900
作业垄数	一次两垄
栽插后垄高/mm	≥230
开沟深度/mm	60～100可调
栽插株距/mm²	10～300可调
栽插速度/（株/min）	60～160
前行速度/（m/s）	0.2～0.4
链夹有效长度/mm	300
适宜土壤类型	宜多种土壤作业

4.2.1.3 工作原理

甘薯苗栽插作业时，由拖拉机牵引复式机具前行，旋耕组件将土地打碎平整，在两把单向过中起垄侧翼犁和一把中间犁的作用下，筑起两个高度超过250mm的梯形垄，旋耕组件两侧封板保证多余的土壤不会外流壅向邻垄而破坏邻垄垄体，齿形破茬刀将垄上的杂草秸秆碎茬等破开、切断或压到垄底，为后端栽植开沟器清理出一条土壤环境干净的垄顶，避免长杂草等牵挂堆积在开沟器上而出现垄体被推倒现象。两侧驱动地轮在形成的后端垄沟中行走，通过传动调节系统将动力传递给喂苗机构，由移栽机座椅上的人工将甘薯苗一株一株的放置在链夹上，链夹进入固定导轨后夹紧，在开沟器在垄顶开好的沟中松开薯苗，同时土壤回流向放好苗的垄沟，并由两侧呈一定角度的圆盘镇压器将回流的苗两侧的土壤压实，完成栽插作业，然后由后端的修垄机构将开沟器、圆盘镇压器作业造成的不平整垄面整形抹平压实，保障垄体美观、适度紧实。

由于该机可一次性完成旋耕、起垄、破压茬、喂苗栽插、修垄等种植作业，减少了传统生产中拖拉机、移栽机分段作业机具多次下田情况，避免了对已起好的垄体两侧的压伤，同时也减轻了对田地的碾压，并节能降耗；另外农机农艺结合，采用900mm垄距标准化种植，其垄距便于与中大型拖拉机后轮距相匹配，便于后续拖拉机下垄中耕、碎蔓、收获作业，避免对垄体和薯块压伤。

4.2.2　关键部件的设计

4.2.2.1　主要运动分析与设计

甘薯苗栽植运动轨迹及形态分析。复式移栽机作业时甘薯苗放置、运行、栽插过程是几个动作的合成运动。薯苗运动轨迹示意如图4.3所示，操作人员在A点喂苗后，薯苗随栽植机以牵引速度V_z向前运动，同时，薯苗相对于栽植机在AB段以角速度ω作圆周运动，在BC段链夹夹紧薯苗在固定导轨中以向下的速度ωR_i作直线运动，在CD段以角速度ω作圆周运动。CD段薯苗的运动轨迹直接影响栽植作业质量，现主要分析CD段的运动轨迹及入土形态。

甘薯栽插时苗长为200～280mm，假设喂苗时薯苗的重心点和链夹夹持点相同，即为E点。设x和y为静坐标，则E点的运动轨迹为式（4.1）：

$$\begin{cases} x = v_z \cdot t + R_i \cdot \cos wt, \\ y = R_i + h_i - R_i \cdot \sin wt. \end{cases} \qquad 式（4.1）$$

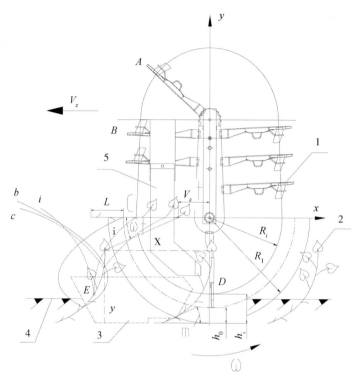

1.链夹；2.薯苗；3.开沟器；4.垄面；5.导轨

V_z 为牵引前行速度，m/s；ω 为链夹转动角速度，rad/s；AB 为喂苗段；BC 为夹持下降段；CD 为放苗栽插段；E 为薯苗重心点；x 为 E 点水平静坐标，mm；y 为 E 点垂直静坐标，mm；L 为喂苗露出长度，mm；m 为苗根与水平面夹角，（°）；h_i 为链夹夹持点距开沟器底部距离，mm；h_o 为链夹顶端距开沟器底部距离，mm；R_i 为薯苗重心点 E 在相对运动中的回转半径，mm；R_1 为薯苗根系最远点回转半径，mm；b、i、c 分别为苗根、苗中、苗顶部的运动轨迹；ωt 为一定时间内苗夹转过角度，（°）；$V_z t$ 为一定时间内前行距离，mm

图4.3 薯苗运动轨迹示意

由于薯苗重心点E的速度比 λ_i 为 $R_i\omega/v_z$，则式（4.1）亦可变换为式（4.2）：

$$\begin{cases} x = R_i\left(\dfrac{w \cdot t}{\lambda_i} + \cos wt\right), \\ y = R_1\left(1 - \dfrac{R_i}{R_1}\sin wt\right)。 \end{cases} \qquad \text{式（4.2）}$$

式（4.2）即为E点也即链夹夹持点的运动轨迹方程。

式中，V_z为牵引前行速度，m/s；ω为链夹转动角速度，rad/s；h_i为链夹夹持点距开沟器底部距离，mm；x，y为E点水平和垂直静坐标，mm；t为链夹转过的一定时间，s；R_i为薯苗重心点E在相对运动中回转半径，mm；R_1为薯苗根系最远点的回转半径，mm；λ_i为薯苗重心E的速度比值。因为甘薯苗柔韧性较好，故在轨迹研究中可将其简化为根系，其超出苗夹部分到达土壤层时，由于柔韧变形，已不足以影响苗夹的刚性回转了，故以接触到开沟器底部土壤层的回转半径代表根系最远点。

绝大多数农作物在机械栽植中都基本要求秧苗为直立态，即定植瞬间为秧苗创造一个相对静止的状态（栽植机前行速度V_z与秧苗定植瞬间线速度ωR_i大小相等方向相反，即为栽植机零速原理）。

在式（4.2）中，当$\lambda_i = 1$时，$\omega R_i = V_z$，则曲线为摆线，有利于薯苗栽植时获得直立状态；当$\lambda_i > 1$时，$\omega R_i > V_z$，则轨迹曲线为余摆线；当$\lambda_i < 1$时，$\omega R_i < V_z$，则轨迹曲线为短摆线。当轨迹曲线作余摆线或短摆线运动时，栽植已不是绝对零速，而是具有向前或先后的速度，从而引起茎、根状态的偏斜。

本机型主要是为了实现甘薯苗的"斜插法"栽插方式，其茎秆与垄面、入土苗根与水平面都成一定夹角，所以整个薯苗与地面并不是垂直关系，因此采用了余摆线非零速栽插原理，即$\omega R_i > V_z$，运动轨迹形成余摆线，并且也能适当提高栽植机作业速度。

薯苗形成地下弯曲，一则是由余摆线非零速栽插工艺形成，二则是放苗时苗根部超出链夹一定长度（图4.3中为L），开沟器开出一条深沟，苗根碰触沟底部后逐渐变形，这时链夹也开始离开夹紧导轨并松开苗，同时土壤已开始回流，圆盘镇压器也开始压实了，所以形成了斜插形态，2个因素组合完成了"斜插法"作业。其中喂苗时薯苗超出链夹长度见式（4.3）

$$L \cdot \sin m \geq h_o \qquad\qquad 式（4.3）$$

式中，L为薯苗根部露出链夹的长度，mm；h_o为链夹端部距离开沟器底部距离，mm；m为苗根部与水平面夹角，取值约30°。

式（4.3）经变换后为式（4.4）

$$L \geqslant 2h_o \qquad\qquad 式（4.4）$$

为了适应不同地区作业需求，h_o设计值通常取40～80mm，并且上下位置调节设有三档，每档间距20mm，如采用第2档，则h_o为60mm，据式（4.4）中L的值可取120mm。而开沟器开沟深度H（图4.4）则可通过调整与拖拉机连接的上拉杆长度及h_o实现，该值决定了薯苗的实际栽插深度，通常$H>h_o$。

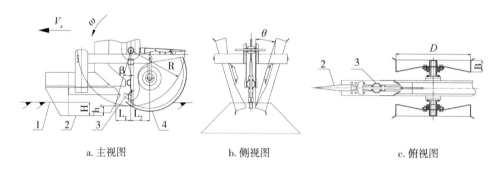

a. 主视图　　　　　　　　b. 侧视图　　　　　　　　c. 俯视图

1.垄面土壤；2.开沟器；3.链夹；4.镇压器

H为开沟深度，mm；R为链夹回转半径，mm；β为链夹与开沟器后端交接点至垂直态夹角，（°）；L_1为开沟器后端土壤分界点与链夹定植点的距离，mm；L_2为圆盘镇压最低点与链夹定植点的距离，mm；θ为镇压轮水平倾角，（°）；B为圆盘宽度，mm；D为圆盘直径，mm

图4.4　开沟放苗镇压三者关系示意

4.2.2.2　圆盘镇压器设计

圆盘覆土镇压器是复式栽植机中覆土、压实的关键作业部件，开沟器开沟、链夹放苗与覆土压实三者之间协调顺畅工作对栽苗作业质量有直接影响，三者间位置关系如图4.4。链夹与开沟器后端交接点（该点可视为土壤回流点）至链夹垂直态的夹角为β，则该夹角与链夹转动时间关系应为式（4.5）。

$$\beta = \omega \cdot t_1 \qquad\qquad 式（4.5）$$

式中，β为链夹与开沟器后端交接点至垂直态夹角，（°）；t_1为β内链夹转动时间，s。

如图4.4所示，垄面开沟深度为H，放苗时垄沟两侧顶部土壤回流可当作初速为零的自由落体运动，则土壤从垄顶落入沟底的时间关系应为式（4.6）。

$$H = \frac{1}{2}g \cdot t_2^2 \qquad 式（4.6）$$

式中，H为开沟深度，mm；g为重力加速度，m/s^2；t_2为土壤从垄顶落入沟底的时间，s。

如图4.4所示，开沟器后端土壤分界点与链夹定植点的距离为L_1，它是t_1时间内前行距离和链夹旋转β角度正弦距离的叠加；要保证薯苗"斜插法"栽植质量，并适度压实，在最大压实点时（即圆盘最低点），链夹脱离垄面，故圆盘镇压器压实最低点与链夹定植点的距离为L_2可视为链夹入土作业弦长的一半，上述描述可归纳如式（4.7）。

$$\begin{cases} t_1 = t_2, \\ L_1 = V_z \cdot t_1 + R \cdot \sin \omega t_1, \\ L_2 = \sqrt{R^2 - (R - H + h_o)^2} \end{cases} \qquad 式（4.7）$$

式中，R为链夹回转半径，mm；L_1为开沟器后端土壤分界点与链夹定植点距离，mm；L_2为圆盘镇压最低点与链夹定植点距离，mm。

在正常作业速度下，$80\text{mm} \leqslant L_1 \leqslant 150\text{mm}$，$100\text{mm} \leqslant L_2 \leqslant 150\text{mm}$时，秧苗栽植状态表现较好。本设计中考虑薯苗栽插深度应适宜，H取值范围可为$60 \sim 100\text{mm}$，本机取值为80mm时，则t_1、t_2约为0.12s；当栽植机喂苗作业速度约为1株/s时，则ω为$2\pi/3.5$，以牵引速度V_z为300mm/s、R为360mm计，则L_1取值为110mm；h_o为60mm时，L_2的取值为118mm，L_1、L_2取值均在较适宜的范围内。

为保障覆土镇压的适当镇压强度，圆盘直径D设计为450mm；为适度压实根部土壤，两镇压轮轴与水平线各自的倾角θ为20°；同时为避免对垄顶的压伤破坏过大，设计采用了窄圆盘形式，圆盘宽度B取值为70mm，比通常的圆盘宽度小了约30%。

4.2.2.3 栽插株距设计

栽插株距是甘薯复式栽植机设计中重要的一环。目前甘薯生产中每亩栽插密度在$2\,500 \sim 3\,500$株，但以$3\,300 \sim 3\,500$株应用得较多，同时，为便于栽插后续中耕、去蔓、收获作业时拖拉机下田不伤垄，本设计采用了便于与拖拉机轮距相配套的900mm垄距种植模式，因此栽插株距设计值应为210～300mm。为避免在垄顶行走的圆盘驱动镇压一体化模式造成的垄面毁坏严重问题，本设计采用了地轮从垄沟行走驱动喂苗栽插器作业的分体形式，其结构示意如图4.5所示，传动简图如图4.6所示。

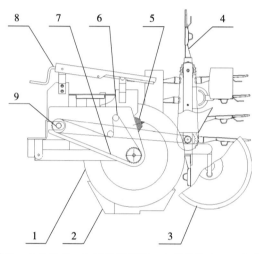

1.驱动地轮；2.开沟器；3.圆盘镇压器；4.喂苗链夹；5.备选链轮；
6.张紧机构；7.链传动系统；8.地轮调节机构；9.过渡方轴

图4.5　地轮驱动栽插机构示意图

栽插链夹与取功地轮的传动比如下。

$$i = \frac{Z_2 \cdot Z_4 \cdot Z_6 \cdot Z_8}{Z_1 \cdot Z_3 \cdot Z_5 \cdot Z_7} \qquad \text{式（4.8）}$$

而栽插作业时取功地轮转动1周，其与株距的关系为：

$$S = i \cdot \frac{\pi \cdot D \cdot (1 + \delta)}{N} \qquad \text{式（4.9）}$$

其中，

$$N = \frac{Z_8}{P} \qquad \text{式（4.10）}$$

将式（4.8）、式（4.10）带入式（4.9）中，可得株距为：

$$S = \frac{\pi \cdot D \cdot (1+\delta) \cdot P \cdot Z_2 \cdot Z_4 \cdot Z_6}{Z_1 \cdot Z_3 \cdot Z_5 \cdot Z_7} \qquad 式（4.11）$$

式中，i为栽插链夹与驱动地轮的传动比；Z_1为与驱动地轮同轴相连的主动链轮，齿数可更换；Z_8为链夹入土端的链轮，齿数为21；$Z_2 \sim Z_7$为中间各级传动链轮，一般设计完成后，链齿值即确定，其中Z_2=20、Z_3=20、Z_4=10、Z_5=22、Z_6=11、Z_7=15；S为株距，mm；D为驱动地轮直径，mm；δ为地轮滑移率，一般情况下取值0.05 ~ 0.12；N为链轮Z_8转动1周时入土的链夹个数；P为相邻链夹间相距链条节数，一般为6节左右。

从式（4.11）中可以看出，栽插株距主要与驱动地轮直径D、地轮滑移率δ、链夹间相距链条节数P、主动链轮Z_1有关（因其他链齿数已为定植，将Z_1设为变值）。实际作业中要调整株距，因地轮、链条节数不易更换，所以可更换便于操作的主动链轮Z_1，并在栽植机上配备了若干不同齿数的链轮（如图4.6中第5点），用其更换Z_1即可达到不同的株距（210 ~ 300mm）。

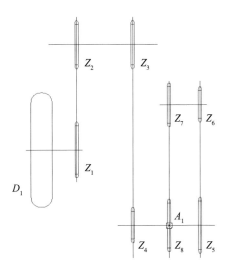

D_1驱动地轮；$Z_1 \sim Z_8$为各级传动链轮；A_1为滚动轴承

图4.6　地轮驱动喂苗机构传动示意图

式（4.8）中的从动链轮Z_8由主动链轮Z_7驱动，其值虽不参与决定株距，但是其链轮的大小却影响了入土的链夹数量和垂直投苗时的角速度ω，直接影响了栽插的直立性。

此外，影响驱动地轮滑移率的因素还有整机质量、轮胎摩擦力、牵引前行速度、开沟土壤阻力、土壤坚实度及其湿度等，本设计中复式作业机整机质量较大，并采用了大轮径、高花纹的驱动轮，还采用适度浅栽、窄开沟器（开沟宽度为45mm）等形式提高地面摩擦力、降低土壤阻力等，有效降低了驱动地轮的滑移率。

4.2.2.4 修垄机构设计

由于土壤团粒结构和流动性等差异，2CGF-2型甘薯复式栽植机在偏黏性土壤作业和沙壤土作业后垄体顶部形状有较大的差异，移栽机开沟放苗后覆土压实，主要依靠圆盘镇压器实现，在黏土地镇压时，土壤变形不大，但在砂壤土作业时，由于土质疏松，镇压时土壤变形较大，需要适当修复，以保持垄形美观、规范，利于薯块生长。故而在甘薯复式栽植机的后端设计了修垄机构，可根据当地土质情况和实际需求，可保留该机构，亦可拆除该机构。

修垄机构（图4.7）主要由"U"形连接杆、调节杆、悬臂杆、拢土圆盘、圆柱形锥辊等组成，通过"U"形连接杆螺栓固定在复式栽植机主机的尾端，通过"L"形调节杆调整适应垄的宽度，作业时，机具前行，左右拢土圆盘就垄沟散落的部分土壤拢到顶部，由左右两个圆柱形锥辊将顶部的虚土压平、压实、塑形，达到垄形美观、紧实度适中。

为保证作业质量，可根据不同地区土质情况进行多维调节，如圆柱形锥辊可围绕铰接点自由浮动镇压，拢土圆盘左右宽度、高低位置以及夹角均可方便地调节，从而提高垄体的适应性。另外，由于左右圆柱形锥辊之间无连接，不会压伤、刮带薯苗，省去人工或机械二次单独修垄，保障了垄体形状。图4.8中a、b、c分别为修复前、拢土圆盘单独修垄后、修复机构修垄后垄形示意图，图4.8中a为栽插后垄体损伤严重，后期易踏平、矮化；b为拢土圆盘修复后的情况，土被垄起，虚而尖；c为在拢土圆盘修复后再由圆柱形锥辊修复，垄体紧实适中而垄形美观，符合生产要求，这就是设计的修垄机构作业效果。

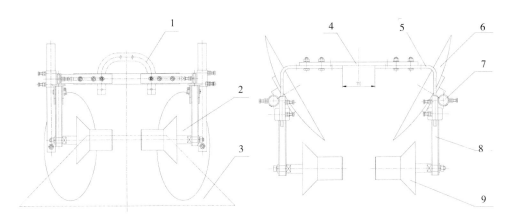

1."U"形连接杆；2.修垄机构；3.栽植垄；4.联结杆；5.L形调节杆；6.拢土圆盘；
7.上下调节杆；8.悬臂杆；9.圆柱形锥辊

图4.7　修垄机构及作业示意图

a. 未修复前状态　　　　b. 拢土圆盘修垄状态　　　　c. 锥盘修复垄后状态

图4.8　移栽后垄体修抚状态示意

4.2.3　试验考核情况

4.2.3.1　田间试验条件

　　2CGF-2型甘薯复式栽植机田间试验地点为商丘市农林科学院梁园种植基地，土壤黏度适中。试验用品种是鲜食型品种'宁紫2号'。2015年3月初在大棚内排种育苗，5月中下旬采用高剪苗方式取苗，开展甘薯复式栽植机田间栽插试验（图4.9），试验时平均苗长246mm、苗茎秆直径5.2mm、结节平均距离约34mm、叶片数为8～12片。试验地为冬闲田，试验前已用旋耕施肥机粗旋过一遍。采用垄作不覆膜种植，种植垄距为900mm，亩栽株数为3 500株，株距约为210mm，牵引拖拉机为东方红LX-904，拖拉机后轮轮距为1 700mm。栽植机开沟深度H通过调整与拖拉机连接的上拉杆长度和升降螺孔档位实现，喂苗露出链夹长度L通过调整在链夹旁可伸缩的有刻度长度指示器实现，喂苗时苗根端与指示器端部齐平即可，其与理论长度差距在±3mm之内都可视为合格，然后由人工开始喂苗。

图4.9　2CGF-2型甘薯复式栽植机田间试验

4.2.3.2　试验方案

经单因素试验及部分交互试验研究表明，前行速度、开沟深度、喂苗露出长度3个试验因素对栽苗作业质量的影响较大，但其交互影响却不大，可以忽略，因此以这3个因素进行三因素三水平正交试验，测试上述因素对评价甘薯栽苗作业质量最为重要的立苗角度合格率、栽插深度合格率2个指标的影响。试验中，每100株为1组，每1组试验重复3次，分别测试每组薯苗立苗角度合格率Y_1、栽插深度合格率Y_2，取平均值。其中，每组取100株，分别测量薯苗茎秆土上部与垄面夹角、入土苗根部与水平面夹角，两者应分别为60°～70°和约30°时，且无明显曲折现象，可判定立苗角度合格（即是合格的"斜插法"），合格株数与100株相比即为立苗角度合格率Y_1；然后测量苗根入土部最深点与垄面的垂直距离，其与理论栽深差距在±5mm之内都视为合格，栽深合格株数与100株相比即为栽插深度合格率Y_2。试验因素与水平如表4.2所示，试验方案及结果如表4.2所示。

表4.2 试验因素与水平

水平 Levels	前行速度 operating speed A/（m/s）	开沟深度 furrower depth B/mm	喂苗露出长度 showing length of feeding C/mm
1	0.2	60	100
2	0.3	80	120
3	0.4	100	140

4.2.3.3 数据处理

试验数据采用SPSS 16.0软件进行数据处理和统计分析。

（1）各因素对栽苗质量指标的影响。试验结果和极差分析见表4.3。

表4.3 试验方案及结果

试验号 Test number	前行速度 Operating speed A	开沟深度 Furrower depth B	喂苗露出长度 Showing length of feeding C	立苗角度合格率 Qualification rate of seedling angel Y_1/%	栽插深度合格率 Qualification rate of transplanting depth Y_2/%
1	1	1	1	94.2	95.0
2	1	2	2	95.8	99.2
3	1	3	3	97.1	96.8
4	2	1	2	96.2	95.5
5	2	2	3	97.8	98.1
6	2	3	1	94.5	95.4
7	3	1	3	96.6	95.3

（续表）

试验号 Test number		前行速度 Operating speed A	开沟深度 Furrower depth B	喂苗露出长度 Showing length of feeding C	立苗角度合格率 Qualification rate of seedling angel Y_1/%	栽插深度合格率 Qualification rate of transplanting depth Y_2/%
8		3	2	1	93.5	97.8
9		3	3	2	95.2	97.2
立苗角度合格率 qualification rate of seedling angel Y_1/%	K_{11}	287.1	287.0	282.2		
	K_{12}	288.5	287.1	287.2		
	K_{13}	285.3	286.8	291.5		
	R_1	1.1	0.1	3.1		
	因素主次	$C>A>B$				
	较优组合	$A_2B_2C_3$				
栽插深度合格率 qualification rate of transplanting depth Y_2/%	K21	291.0	285.8	288.2		
	K_{22}	289.0	295.1	291.9		
	K_{23}	290.3	289.4	290.2		
	R_2	0.7	3.1	1.23		
	因素主次	$B>C>A$				
	较优组合	$A_1B_2C_2$				

极差分析表明：立苗角度合格率各试验因素水平的较优组合为$A_2B_2C_3$，因素主次作用顺序为喂苗露出长度>前行速度>开沟深度；栽插深度合格率各试验因素水平的较优组合为$A_1B_2C_2$，因素主次作用顺序为开沟深度>喂苗露出长度>前行速度。

栽苗作业质量指标方差分析见表4.4，结果表明：对于立苗角度合格率指标，在95%的置信度下，喂苗露出长度影响非常显著，机具前行速度影响很显著，开沟深度影响不太显著。对于栽插深度合格率指标，在95%的置信度下，开沟深度影响非常显著，喂苗露出长度和前行速度的影响较为显著。

表4.4 栽苗作业质量指标方差分析

指标Index	方差来源Factors	离差平方和sum of squares of deviations SS	自由度degrees of freedom DF	平均离差平方和sum of squares of average deviations MS	F值 F values	P值 Pvalues
立苗角度合格率qualification rate of seedling angel Y_1	前行速度A	1.716	2	0.858	59.385	0.017
	开沟深度B	0.016	2	0.008	0.538	0.650
	喂苗露出长度C	14.442	2	7.221	499.923	0.002
	误差	0.029	2	0.014		
栽插深度合格率qualification rate of transplanting depth Y_2	前行速度A	0.687	2	0.343	25.750	0.037
	开沟深度B	14.660	2	7.330	549.750	0.002
	喂苗露出长度C	2.287	2	1.143	85.750	0.012
	误差	0.027	2	0.013		

注：$P<0.01$（极显著），$0.01<P<0.05$（显著），$P>0.05$（不显著）

（2）各因素的综合优化。本试验以立苗角度合格率Y_1、栽插深度合格率Y_2为评价栽苗作业质量的2个指标，通过上述试验分析知，开沟深度、前行速度、喂苗露出长度等影响因素对2个指标影响程度各不相同，为分析各因素对整机栽苗作业质量综合影响效果，本研究提出应用模糊综合评价法对正交试验结果进行综合优化，找出最佳参数组合。首先分别建立2个指标隶属度模型，见式（4.12）所示，得出各指标每次试验的隶属度值（表4.5），由隶属度值构成模糊关系矩阵R_r，如式（4.13）。

$$r_{in} = \frac{Y_{in} - Y_{i\min}}{Y_{i\max} - Y_{i\min}} \quad (i=1,\ 2;\ n=1,\ 2,\ \cdots 9) \qquad \text{式（4.12）}$$

$$R_r = \begin{bmatrix} r_{11}\ r_{12}\ r_{13}\cdots r_{19} \\ r_{21}\ r_{22}\ r_{23}\cdots r_{29} \end{bmatrix} \qquad \text{式（4.13）}$$

式中，r_{in}为指标Y_i的第n次试验获得的隶属度值；Y_{imax}为指标Y_i的最大值；Y_{imin}为指标Y_i的最小值；Y_{in}为指标Y_i的第n次试验的隶属度值；R_r为由r_{1n}、r_{2n}构成的模糊关系矩阵。

表4.5　综合评分结果

试验号 Number	立苗角度合格率隶属度值 membership values of qualification rate of seedling angel r_{1n}	栽插深度合格率隶属度值 membership values of qualification rate of transplanting depth r_{2n}	综合评分 Score W_X
1	0.163	0	0.098
2	0.535	1	0.721
3	0.837	0.429	0.674
4	0.628	0.119	0.424
5	1	0.738	0.895
6	0.233	0.095	0.178
7	0.721	0.071	0.461
8	0	0.667	0.267
9	0.395	0.524	0.447

根据甘薯苗栽植2个性能指标的重要性，确定本试验权重分配集$P=[0.6，0.4]$，即立苗角度合格率和栽插深度合格率的权重分别为0.6、0.4。由模糊矩阵R_r与权重分配集P确定模糊综合评价值集W，其中$W=P·R_r$，综合评分结果见表4.5。将综合评分结果进行极差分析（表4.6），分析结果表明，综合影响薯苗栽植指标的主次因素为：$C>B>A$，最优参数组合为$A_2B_2C_3$，即前行速度0.3m/s，开沟深度80mm，喂苗露出长度140mm。综合评分方差分析见表4.7，结果表明：在95%的置信度下，喂苗露出长度、开沟深度对薯苗栽植作业质量的影响具有高度显著性，前行速度影响不显著。

表4.6 综合评分极差分析

项目 Item	前行速度 Operating speed A	开沟深度 Furrower depth B	喂苗露出长度 Showing length of feeding C
K_1	1.493	0.983	0.543
K_2	1.497	1.883	1.592
K_3	1.175	1.299	2.03
R	0.107	0.3	0.496
因素主次 Primary and secondary factors		$C>B>A$	
最优组合 Optimal combination		$A_2B_2C_3$	

表4.7 综合评分方差分析

方差来源 Factors	SS	DF	MS	F	P
前行速度 Operating speed A	0.023	2	0.011	16.998	0.056
开沟深度 Furrower depth B	0.139	2	0.069	103.810	0.010
喂苗露出长度 Showing length of feeding C	0.389	2	0.195	290.740	0.003
误差 Error	0.001	2	0.001		

（3）验证试验。为了验证最优组合方案，确保优选前后栽苗作业质量在试验指标（立苗角度合格率、栽插深度合格率）上具有可比性，故进行了验证试验，机具选取的主要作业参数为：前行速度0.3m/s、开沟深度80mm、喂苗露出长度140mm。试验结果表明，优选后的甘薯栽苗作业中立苗角度合格率为97.9%，栽插深度合格率为98.2%。优选后的栽苗作业质量指标优于其他参数组合下的作业指标。此外，试验后期也检测了薯苗栽植的成活率，其可达97.7%，能较好地满足生产需求，同时亦可表明本机的覆土、镇压功能适用有效。

（4）田间试验讨论。中国甘薯90%以上采用不覆膜种植，仅华北、西北地区部分春薯种植采用覆膜种植。本研究开发的2CGF-2型甘薯栽植复式机采用垄上开沟栽插再镇压原理，主要适用于不覆膜栽插，对先覆膜后栽插方式有一定的局限性。若要用该机完成春薯覆膜栽插，只能是先完成起垄栽插作业，后在苗上覆膜（在该机后端加覆膜组件或由专用覆膜机具完成覆膜），然后再由人工破膜放苗，作业较烦琐、工序多。目前以该机为基础，实现旋耕、起垄、栽植、覆膜、划孔放苗多功能作业机正在研发设计中。

育苗、用苗标准化也是有效提高甘薯栽插机械化水平的主要措施之一。甘薯栽插时的高剪苗一般来说都较挺直，便于喂苗和栽插，本试验采用的苗也相对较直。但生产中有时剪苗量过大，或长途运输调苗等其他原因耽搁，几天后再栽插时，由于植物受趋光性影响，苗从中部捆扎的位置开始发生大角度的弯曲，不仅不利于栽插分苗喂苗，而且栽入土中后露土部分苗茎的方向杂乱无序、无规则，无法准确测量立苗角度，所以本试验用的苗是采剪后时间不长，且直立性相对正常的，对于弯曲程度大等形状复杂的薯苗，其栽插特性还有待进一步研究。

生产上不同甘薯品种薯苗的结节平均距离有所差异，大多数品种结节距离为30~40mm，但有极少数品种的结节距离会小于或大于上述数值，本研究试验用的'宁紫2号'结节平均距离为34mm，具有较广泛的代表性，但未对很短或很长结节值的品种开展田间试验。如这些品种采用本研究提出的"喂苗露出长度"值，那么栽插作业后薯苗在土下的结节数量可能会多于4个，或少于3个，那么结节很短的入土结节数就较多，其结薯一般多而小，适合鲜食用品种，结节很长的入土结节数就较少，其结薯一般少而大，适合淀粉加工用品种。

4.2.4 研究结论

（1）本研究设计的2CGF-2型甘薯复式栽植机与55.13~80.85kW大型拖拉机配套，可一次完成两垄的旋耕、起垄、破压茬、开沟、栽插、镇压、修垄等作业，主要适用于生产中应用广泛的"斜插法"栽植方式，作业时薯苗露出地面的茎秆与垄面夹角为60°~70°，入土苗根与水平面夹角约为30°，并采用非零速栽插原理，链夹运动轨迹为余摆线，适当提高了栽插作业速度，解决了传统薯苗机械栽植中下田作业机具多、易压垄伤垄、作业质量不高等难题。

（2）本研究确定了开沟器开沟、链夹放苗与覆土压实三者间协调一致工作的重要结构参数，明确了栽插株距的主要影响因素和调整方法。为保障开沟器开沟、链夹放苗与覆土压实三者协调工作，开沟器后端土壤分界点与链夹定植点距离取为110mm，圆盘压实最低点与链夹定植点的距离取为118mm，采用宽度为70mm的窄圆盘减少对垄顶的压伤破坏；并通过更换与驱动地轮同轴相连的主动链轮，实现栽插株距在210~300mm的调整。

（3）本研究对甘薯栽苗作业质量评价影响最重要的立苗角度合格率、栽插深度合格率2个指标进行了参数优化试验，试验证明影响甘薯主要栽苗作业质量的主次因素顺序为：喂苗露出长度>开沟深度>前行速度，其优选参数组合为：喂苗露出长度140mm、开沟深度80mm、前行速度0.3m/s，此时立苗角度合格率为97.9%，栽插深度合格率为98.2%，能较好地满足了甘薯机械栽插要求。

4.2.5　推广应用情况

2CGF-2型甘薯复式栽植机专利权人"农业农村部南京农业机械化研究所"与制造企业"南通富来威农业装备有限公司"开展技术合作，该型甘薯旋耕起垄移栽复式机已实现了批量化生产，并以此专利核心技术为基础形成单行、双行、三行等系列产品（图4.10至图4.12），并根据生产实际需求在主机平台上增设了施肥、浇水、铺滴灌带等机构部件（不需亦可去除），现已在豫、苏、鲁、皖、冀、辽、湘等10多个省份推广应用和销售，产品2017年度被认定为"江苏省高新技术产品"，获"2017年度江苏省机械工业专利金奖"，2018年"甘薯旋耕起垄复式移栽机"获"第二十届中国国际高新技术成果交易会优秀产品奖"，现成为我国甘薯移栽机市场的主体和主导产品，并出口到越南、古巴、韩国、俄罗斯等国，如越南松林集团一次性采购双行复式机10台套，韩国高成产业社一次性采购三行复式机20台套，有力支撑了甘薯种植业发展。

本专利产品为甘薯栽插提供了一种全新思路和一款适用机型，填补了国内甘薯栽插领域技术空白，其研发成功的消息被中国政府网、农业农村部官网、人民网、科学网等多家主流媒体报道，该发明攻克了甘薯种植机械化技术瓶颈问题，破解了人工栽插劳动强度大难题，为甘薯全程机械化配套奠定了坚实基础，对解决甘薯生产急需、保障农民增收、促进产业健康发展、保障国家粮食安全具有重要意义。此外，亦为"一带一路""走出去"倡议提供了先进适用的新型农机产品。

图4.10　2CGF–1型甘薯起垄栽植复式机

图4.11　2CGF–2型甘薯旋耕起垄复式栽植机

图4.12　2CGF–3型甘薯旋耕起垄复式栽植机

5 甘薯种植浇水模式研究

甘薯虽是抗旱性作物，但刚栽插后及幼苗生长前期还是要求土壤处于湿润状态，利于发根还苗，确保成活、全苗、壮株，因此，研究甘薯移栽机械时，也要研究与机械移栽相配套的甘薯栽插浇水技术，才能使甘薯机械移栽作业技术完整、具有可推广性。

5.1 机械移栽浇水难点

生产上人工栽植甘薯一般选择在雨后土壤水分适宜时栽插或非雨天栽插后及时浇水。而使用机械移栽作业时，由于雨后土壤泥泞，机具难以下田作业，所以一般会选在非雨天作业，采用坐水栽插或栽后浇水。甘薯栽插后的浇水量较大，每穴浇水量一般在250mL，甘薯每亩栽插量为3 000～5 000株，甚至更多，如果采用垄上定穴浇水，则每亩需水量约1m³，如采用条灌，则需3～5m³。

目前国内的甘薯种植地块主要适合1～4行的移栽机作业，其配套动力多在20～120马力，考虑牵引提升移栽机、动力余量、载人、田间转弯等，拖拉机剩余的动力非常有限了，故而拖拉机上直接载水力能非常有限，如果将水箱直接加载到作业的移栽机上，由于拖拉机后提升力有限，在掉头转弯时移栽机一般需提起，故而移栽机+水箱的重量要控制好，否则难以顺畅作业，因而一般拖拉机的坐水作业载水量十分有限，难以满足甘薯生产每亩如此大的需水量，如果水箱过小则作业时不断停机加水，时断时续，会严重影响移栽机整机作业效率，由此甘薯生产中采用何种形式能及时有效地实现薯苗浇水成为甘薯机械移栽作业过程中亟须解决的问题，也是直接影响甘薯机械移栽技术推广应用的重要因素。

鉴于国内甘薯种植具有区域广、分布地形复杂、种植土壤多样等特点，而环境条件与农业技术本身存在着极大不同，且种植者经济或社会组织形式又有较大差异，所以在实践中，一般采用因地制宜，移栽浇水模式宜采用灵活多样的方式，以提升机械化生产的性价比。本研究基于此提出边栽边浇和先栽后浇两种技术思路，先栽后浇即先用移栽机栽插，再用其他浇水设施设备的分段作业模式。从上述思路出发研究提出坐水栽插模式、运水+坐水栽插模式（属于边栽边浇思路）和牵引车浇水模式、微灌微喷浇水模式、喷灌浇水模式（属于先栽后浇思路）五种基本技术模式，比较其优缺点，为不同地区、需求、装备等提供甘薯机械移栽浇水作业技术方案。

5.2 机械移栽配套的浇水模式

5.2.1 坐水栽插模式

该模式可一次性完成栽插、浇水作业，作业集成度高，可采取在移栽机或拖拉机上装配水箱来实现。如农业农村部南京农业机械化研究所与南通富来威农业装备有限公司合作研制出的2ZL-1型链夹式移栽机（图5.1），配套动力为25马力，该机作业顺序为开沟、浇水、栽插，自动覆土镇压，浇水方式为条灌，对苗根部浇水，上面覆盖干土压实，蒸发量较小，用水量相对少些。该机常用于冬闲田、长秸秆地、麦茬地的移栽作业。图5.2为山西省农业科学院与运城市农业机械化科学研究所合作研发的中型拖拉机牵引的甘薯移栽器，该机作业顺序依次为膜上开孔、打穴、浇水、人工栽插，人工覆土压实，浇水方式为对穴浇水（浇窝水）。由于其采用人工分苗、手工直接栽插入垄，适用于膜上栽插，但该机整体机械化程度较低。

该模式存在的问题：机具本身的载水量十分有限，水箱体积有限（考虑配套动力、田间转弯等问题），如作业时经常停机较长时间加水，会严重影响作业效率，增大作业成本，难以大面积推广。

图5.1　2ZL-1型链夹式甘薯移栽机

图5.2　载水式甘薯栽插器

5.2.2　运水+坐水栽插模式

该模式（图5.3）以坐水栽插移栽机为主体作业机械，以单独的运水车为水源，利用软水管将水从水车接到移栽机的浇水口，与移栽机同向同步行走，实现边栽边浇水，可省去停移栽机加水的工序，作业效率大幅提高，可采取多台移栽机配套一台独立的运水车（载水较多）。该方法可解决移栽机载水能力不足、需停机加水的问题，作业效率较移栽机载水作业要高。存在的问题：如何有效地布置或安装两种机具间连接的浇水管，否则水管在田间易缠绕，限制机具的机动性，同时，在垄上栽插时，作业过程中水管的拖行会造成垄体的破伤、薯苗损伤等问题。

图5.3　运水+坐水甘薯栽插模式

5.2.3　牵引车浇水模式

该模式属于先栽后浇水形式，主要是解决坐水栽插中由于浇水限制移栽效率的问题，采用分段作业，先用移栽机完成栽插作业，然后由牵引运水车下田间利用自身的浇洒水机构进行一次数行浇洒水作业。采用牵引式水车，或者将水箱安装在拖车上或卡车上（图5.4），并安装水泵及自动浇水管道，水车牵引下地，对行浇水，也可借用牵引式植保宽幅喷灌喷雾机（图5.5）作业。可选择一次浇一行或多行，根据浇水行数、田块长度、面积，选用不同体积的水箱（0.5t、1t、2.5t、5t）。由于水车为动力牵引式，其载水量可大大增加，并且可多台浇水机同时作业，故其机动性好、作业效率较高，如租用水车装备，则投入更低。缺点是储水速度较慢（可用几台轮流作业），存在拖拉机二次下地作业，容易伤垄。

图5.4　专用洒水车浇水模式

图5.5　牵引植保喷雾机浇水模式

5.2.4　微灌微喷浇水模式

微灌喷是按照作物需求，通过管道系统与安装在末级管道上的灌水器，将水和作物生长所需的养分以较小的流量，均匀、准确地直接输送到作物根部附近土壤的一种灌水方法。根据甘薯种植模式及可操作性，可在甘薯机械移栽后选用滴灌管和微喷带喷灌两种方式进行浇水作业。

5.2.4.1 滴灌管模式

滴灌是按照作物需水要求，通过低压管道系统与安装在毛管上的灌水器，将水和作物需要的养分一滴一滴、均匀而又缓慢地滴入作物根区土壤中的灌水方法。滴灌不破坏土壤结构，土壤内部水、肥、气、热经常保持适宜于作物生长的良好状况，蒸发损失小，不产生地面径流，几乎没有深层渗漏，是一种省水的灌水方式。如北方较干旱地区加地膜覆盖，可以进一步减少蒸发，达到节水目的。

滴灌系统一般由水源工程、首部枢纽、输配水管网、灌水器及流量、压力控制部件、量测仪表和保护装置等组成，如图5.6所示。

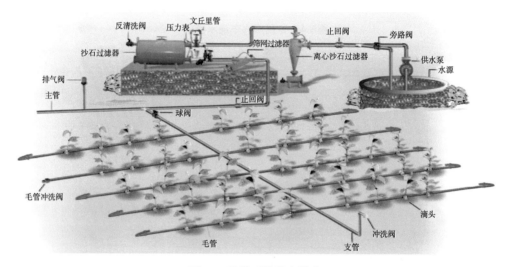

图5.6 滴灌系统浇水模式

其优点如下。

（1）水的有效利用率高，均匀性好。

（2）省水、省肥、省药、省地、省工节能、增产增收。

（3）适应性强，能够适应各类地形和土壤。

（4）减少杂草生长。

但也存在一次固定设施投入成本较高、固定设施影响后茬作业等问题，另外如果用水没有过滤，设备维护不正确，会易导致管道堵塞。

5.2.4.2 滴灌带滴灌模式

生产上常用的一种模式为移栽机上自带滴灌带，在移栽作业时将滴灌带铺到垄顶或在移栽机栽后（图5.7）由人工将滴灌带铺在垄顶，栽插完成后将滴灌带接入输配水管网系统，实现浇水作业。该模式经济适用、成本相对较低，但收获时需将滴灌带收起，需耗费一定人力。

图5.7　滴灌带浇水模式

5.2.4.3 微喷带喷灌模式

微喷带喷灌（图5.8、图5.9）是将水用压力经过输水管和微喷管带送到田间，通过微喷带上的出水孔，在重力和空气阻力的作用下，形成细雨般的喷洒效果，可以非常方便地将水施灌到植物枝叶及附近土壤。既可以定时定量地增加土壤水分，又能提高空气湿度，调节局部小气候。

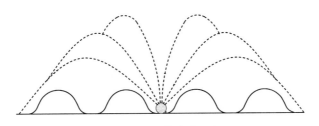

图5.8　微喷带喷灌示意

图5.9 微喷带浇水作业

微喷系统与滴灌系统相同，一般由水源、首部枢纽、输配水管网、灌水器及流量、压力控制部件、量测仪表和保护装置等组成。其优点如下。

（1）微喷带使用水压低，喷灌面积大，可减少配套设备成本。

（2）微喷带安装使用简单方便，使用长度长，重量轻，配套使用专用微喷带直通、旁通等管件，安装拆卸简单方便，可节省大量劳力。

（3）容易移动和保管。使用配套专用卷收器，使卷收的微喷带便于移动使用和保管。

（4）同时可施肥。喷灌时，使用配套的液肥添加器，同时可以施肥。

缺点是微灌系统投资一般要远高于地面灌，而且灌水器出口很小，易堵塞，对过滤系统的要求高。

5.2.5 喷灌浇水模式

喷灌是将水加压后，经管道输送至喷头，并由喷头将水射出，均匀地散成细小水滴对作物进行灌溉。甘薯生产上主要可选用移动式喷灌系统，主要有绞盘式、滚移式、中心支轴式和平移式喷灌机。

5.2.5.1 绞盘式喷灌模式

    绞盘式喷灌机（图5.10）多采用一只喷枪灌溉。喷灌机输水管缠绕在绞盘上，喷洒时由拖拉机拉拽到地段的一端，喷枪一边喷洒，随着喷灌机一边倒退，喷洒出一条矩形带，直到地头终止。移动喷灌机，重复上边步骤，完成整个地块的灌溉（图5.11）。

1.喷头；2.喷头车；3.软管；4.起吊架；5.卷盘；6.水动力机；7.进水管；8.旋转底盘；9.泄水管

图5.10　绞盘式喷灌机结构

图5.11　绞盘式喷灌机作业

其优点如下。

（1）喷头车在喷洒过程中能自走、自停，管理简便，操作容易，省工，劳动强度较低。

（2）结构紧凑，成本较低。材料消耗较少，田间工程量少。

（3）机动性好，供水可用压力干管，也可用抽水机组。

（4）适应性强，不受地块中障碍物限制。

缺点如下。

（1）能耗大，运行成本高。

（2）因喷头射程大，易受到风速影响，水滴飘移严重，从而降低喷洒均匀度和水的利用效率。

（3）喷灌强度大，易造成地表径流。

5.2.5.2 滚移式喷灌模式

该机结构简单（结构见图5.12），便于操作，是一种单元组装多支点结构的节水喷灌设备。沿着耕作方向作业，与排水、林带结合较好，对不同水源条件都适用，爬坡能力较强，并且根据地块的情况，可组装成长机组和短机组来使用（作业见图5.13）。

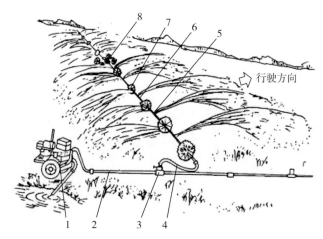

1.水泵；2.输水干管；3.给水栓；4.引水软管；5.喷头；6.输水支管（轮轴）；7.从动轮；8.驱动轮

图5.12　滚移式喷灌机结构

图5.13 滚移式喷灌机作业

其优点如下。

（1）配中小射程旋转式喷头，水滴小，不损伤作物，灌水均匀，节约水资源。

（2）投资小，结构简单，便于操作，劳动强度较低。

（3）爬坡能力强，省去平整土地的高昂费用。

（4）可实现水肥一体化及水药一体化。

缺点是：适宜灌溉规则地块，非规则地块容易造成漏喷。

5.2.5.3 中心支轴式喷灌模式（时针式喷灌机）

中心支轴式喷灌机也称时针式喷灌机（结构示意图见图5.14、作业图见图5.15），是将装有喷头的管道支承在可自动行走的支架上，围绕备有供水系统的中心点边旋转边喷灌的大型喷灌机。

其优点如下。

一是自动化程度高，供水系统简单，可节约大量劳动力。

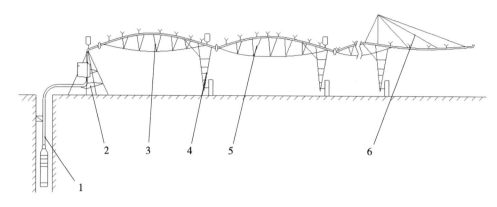

1.井泵；2.中心支作；3.桁架；4.塔车架；5.喷头；6.末端悬臂

图5.14　中心支轴式喷灌机结构

图5.15　中心支轴式喷灌机作业

二是可及时、精确地控制灌水量，管理方便，灌溉水利用率高。

三是能提高化肥和农药的利用效率。

四是适合连片规模种植，生产效率高。

缺点如下。

一是灌溉圆形面积外圆周处喷灌强度非常高，容易产生地表径流。

二是设备价格昂贵，尺寸较长，达几十米，适合连片大地块使用。

5.2.5.4 平移式喷灌模式

平移式喷灌机又称连续直线自走式喷灌机（图5.16、图5.17），将装有喷头的管道支承在可自动行走的支架上，并在工作时管道平行前移喷灌的大型喷灌机。它是由中心支轴式喷灌机发展而来的，它在结构上和中心支轴式喷灌机很相似，而灌溉作业的形状是矩形的。

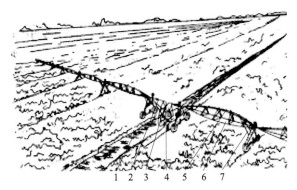

1.水源；2.中心跨架；3.水泵；4.导向系统；5.喷头；6.桁架；7.塔车

图5.16 平移式喷灌机结构

平移式喷灌机除了保留中心支轴式喷灌机的优点外，还有以下特点。

一是适于灌矩形地块，地角也能灌溉，土地利用率可高达98%。

二是适于垄作和农机作业，轮迹线路可长期保留，没有妨碍农机作业的圆形轮沟，也不会积水。

三是灌溉作业均匀度高。

四是同机长比中心支轴式喷灌机的控制作业面积更大，单位面积上的投资和消耗材料指标降低，各跨架控制面积相等，便于加大机长。

五是喷灌效率高，管路水头损失小，耗能低，喷头采用统一型号，无需加大末端喷头，沿管各点的喷灌强度一致，管道可用不同直径。

六是综合利用性能更好，调速范围更宽，可以喷农药。

缺点如下。

一是一次性投资较大。

二是只适合大规模集约化生产，直来直往，转移不够便利。

三是需要一定流量的水源供应。

图5.17　平移式喷灌机作业

5.3　研究结论

（1）甘薯机械移栽后浇水作业是当前生产中的难点，也是制约甘薯机械移栽设备推广应用的一个瓶颈问题，本研究为配套甘薯机械移栽作业提出了边栽边浇和先栽后浇两种技术思路，针对两种技术思路又进一步细化研究提出坐水栽插模式、运水+坐水栽插模式、牵引车浇水模式、微灌微喷浇水模式、喷灌浇水模式5种基本技术模式，并细分出坐水栽插模式、运水+坐水栽插模式、牵引车浇水模式、滴灌管模式、滴灌带滴灌模式、微喷带喷灌模式、绞盘式喷灌模式、滚移式喷灌模式、中心支轴式喷灌模式、平移式喷灌模式10种主要的作业形式，针对每种形式分析了其适用对象、优缺点等，为不同地区、生产规模、经济条件各异的种植者提供有效的选择参考。

（2）在实践生产中，应因地制宜，比较各作业模式优缺点，选用合适的甘薯机械移栽浇水作业模式，通过研究分析建议可优先使用滴灌带滴灌模式、牵引车浇水模式、坐水栽插模式、运水+坐水栽插模式等技术模式。

6 宜机化起垄种植配套技术研究

近些年来，我国甘薯种植面积呈缓慢下降趋势，除因国人膳食结构调整改变外，甘薯生产机械化技术严重落后也是主要原因之一。而农机农艺融合度差，耕种收机械作业匹配性则是制约甘薯生产机械化发展的重要因素之一，因此，开展甘薯起垄种植机械研究时，除在品种选育上应考虑机械作业外，研究适宜甘薯机械化起垄种植的配套农艺、配套动力、作业模式等十分必要。

6.1 起垄种植模式对甘薯机械作业影响

6.1.1 我国现行甘薯起垄种植模式多样

我国甘薯垄作、平作皆有，但以垄作为主，种植规格有小垄单行、大垄单行、大垄双行等，自然禀赋不同的地区选择的种植规格各异。小垄单行的种植垄距一般在650~850mm，大垄单行的种植垄距一般在900~1 000mm，大垄双行的种植垄距一般在1 000~1 500mm。

此外，我国甘薯净作和间作套种并存，但以净作为主。在不同地区甘薯分别与烟叶、玉米、芝麻等作物间作，与麦类、马铃薯、花生、西瓜、经济林等开展套种；覆膜与不覆膜皆有，但以不覆膜为主。

6.1.2 我国甘薯种植土壤地形复杂

甘薯在我国分布较广，以黄淮海平原、长江流域和东南沿海种植最为集中，种植面积较大的省份有四川、河南、山东、重庆、广东、安徽等。我国甘薯在平原、坝区、丘陵、山地、沙地、滩涂、盐碱地皆有种植，丘陵薄地的种植面积接近50%；其种植分布的土壤主要为沙土、沙壤土、沙石土、壤土、黏土等。因此我国甘薯具有种植区域广、生长跨度大、分布地形复杂、种植土壤多样等特点，从而形成了甘薯品种、栽培制度、消费形式以及生产机具的多样性和复杂性。

6.1.3 甘薯机械作业所需配套动力较大

甘薯需起高垄种植，其垄较之花生、马铃薯等作物要高，垄高一般为250～330mm，收获时甘薯的生长深度一般达到250～300mm，结薯范围达到300mm，所以其起垄、复式移栽、挖掘收获时所需的动力一般较大，起垄作业每垄的动力需在20～25马力，收获前的割蔓粉碎作业每垄所需动力约25马力，而挖掘收获作业时每垄的动力则需25～35马力。而单一的甘薯移栽入土作业量少，但一般会考虑起垄或载水作业，所以复式移栽每垄的动力配备为25～35马力。

6.2 配套的拖拉机动力和轮距分析

我国拖拉机生产厂家有国有、民营、合资、独资等多种形式，其生产的拖拉机动力配置、技术参数虽有标准，但具体结构、尺寸等细节却有差别，如相同动力，但轮距、轮宽等却有区别。

甘薯是旱地作物，其生产配套机具有自走式和牵引式（或悬挂式）两种，由于自走式机具的价格昂贵，所以一般采用牵引式（或悬挂式）结构居多，如起垄、移栽作业机械一般多为牵引式的，而其牵引式甘薯机具配套的拖拉机一般都是轮式拖拉机。

轮式拖拉机一般可分为：大型拖拉机（功率50马力以上）、中型拖拉机（功率20～50马力）、小型拖拉机（功率20马力以下）三种。一般来说手扶拖拉机的功率多集中在12～18马力。不同马力段拖拉机对应着相应的轮距（轮距示意见图6.1），国产拖拉机轮距大多采用有级调节，能调的档级有限，一般出厂设置为最小轮距，如需变更轮距，可将拖拉机支起，调换左右轮胎反向安装，调整起来较为麻烦，因此，生产中轮距很少有调来调去的，一般在一个固定值。

图6.1 拖拉机后轮轮距

此外，因拖拉机后轮比前轮宽，且前轮的印迹能被后轮完全覆盖，因此选择拖拉机轮距时以后轮参数为准。现以后轮为例，列举一组拖拉机的轮距，为起垄移栽机具选择配套拖拉机时提供参考，如表6.1所示：

表6.1 拖拉机轮距表

生产厂/机型	常州东风农机公司（手扶拖拉机）	马恒达悦达（盐城）拖拉机有限公司（四轮拖拉机）				
动力段（hp）	12~18	20~25	25~35	35~50	65~85	85~100
后轮距（mm）	650~800	960~1 270	1 080~1 380	1 150~1 450	1 370~1 790	1 620~2 020

注：拖拉机的轮距出厂设置一般为最小值，轮距虽可调，但多数非无级可调

由于起垄、中耕、移栽、碎蔓、挖掘收获等环节所需动力有异，且作业要求不同：起垄时拖拉机在前，垄的形成在后，所以拖拉机的轮距一般略小于形成的垄宽度即可，而中耕、移栽、碎蔓、挖掘收获等环节是在垄已形成后，入垄作业，拖拉机必须行走在垄沟中，轮距和垄距比较接近时方能较好作业，否则压垄、伤秧、伤薯。综合上述因素可知，动力上能满足作业要求的拖拉机，并不一定就符合垄距的要求，故必须对动力、轮距和栽培垄距进行合理配套，否则将严重影响作业质量，导致全程配套作业难以实现。

6.3 宜机化生产的配套作业模式研究

为解决适宜机械化生产作业配套问题，从起垄、中耕、移栽、碎蔓、挖掘收获等环节入手，"机制、基础、机具"相结合，以经济适用为原则，并综合各地自然条件和拖拉机保有使用情况，农机农艺融合，提出宜机化作业的种植技术要求和种植形式相结合的6种机械作业模式。

6.3.1 适宜机械作业的种植技术要求

适宜机械化作业的种植技术要求可概括为：统一垄距、净作优先、简化栽插、平原中距、丘陵小距、南方大距，具体要求如下。

统一垄距：在一定区域范围内统一种植规格，便于机具跨村、跨乡、跨区大面积作业，提高机具通用性、配套性，缩短成本回收周期。

净作优先：为适宜机具行走，尽量采用净作方式，如与其他作物间作套种，种植开度一定要便于机器行走作业，地头要考虑机具转弯调头。

简化栽插：简化栽插方式，便于实现机械作业，选择适宜机械移栽的方式。如：斜插法、直插法等，能不覆膜的少用覆膜，如采用覆膜则应选择适宜的作业机具分段实施或全程作业。

平原中距：在平原坝区、大型缓坡地等适宜中大型机械作业的地方优先推荐900mm种植垄距，其次是800mm种植垄距。

丘陵小距：在丘陵小块地等适宜微小型机具作业的地方优先推荐800mm种植垄距。

南方大距：在南方种植区优先推荐采用1 100mm左右种植垄距。

6.3.2 适宜机械化生产的配套作业模式

为解决农机农艺不匹配问题，从起垄、中耕、移栽、碎蔓、挖掘收获等环节入手，提出了6种机械作业模式，如"单行起垄单垄收获作业模式""双行起垄单垄收获作业模式""两行起垄两垄收获作业模式""三行起垄两垄收获作业模式""宽垄单行起垄双行栽插收获作业模式""大垄双行起垄收获作业模式"，具体要求如下。

6.3.2.1 单行起垄单垄收获作业模式

该模式（简图见图6.2）采用一台拖拉机可完成单行单垄耕、种、收的全部作业，具有经济性较高、配套简单、适应性广、投入不高等优势，适宜多数地区中小田块作业，但针对大田块而言，则具有作业效率不高的缺陷。该模式适合中小型四轮拖拉机作业，在丘陵小块地亦可使用手扶拖拉机或微耕机作业。

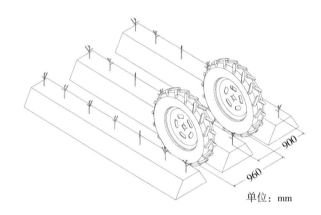

图6.2 单行起垄单垄收获作业模式

该模式较适宜的垄距为900mm、1 000mm；可配套黄海金马254A、东方红280、黄海金马304A、山拖TS400Ⅲ等中小型拖拉机，其后轮距为960～1 050mm；可配套手扶拖拉机为桂花151、东风151等，其轮距为800mm左右。

6.3.2.2 双行起垄单行收获作业模式

该模式（简图见图6.3）针对不少种植户已拥有大中型拖拉机（50马力以上）的现状，以减少投入、尽可能提高作业效率为目的，其起垄作业可采用已拥有的大中型动力，而后续的移栽、中耕、碎蔓、收获则采用较小动力的拖拉机。

该模式较适宜垄距为900mm、1 000mm；其起垄时可采用50、554、604、704等型号拖拉机，后轮距为1 350～1 450mm；而移栽、中耕、碎蔓、收获环节则可采用黄海金马254A、东方红280、黄海金马304A、山拖TS400Ⅲ等中小型拖拉机单垄作业，轮距为960～1 050mm。

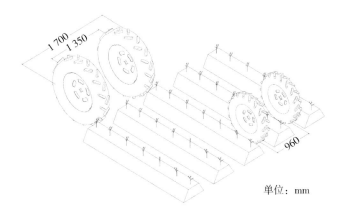

单位：mm

图6.3　双行起垄单行收获作业模式

6.3.2.3　两行起垄两垄收获作业模式

该模式（简图见图6.4）易于实现耕种收作业机具的配套，可采用一台大马力拖拉机完成全部作业，具有作业效率相对比较高，易于被大型种植户接受，便于推广等特点。

该模式较适宜垄距为900mm、1 000mm；可采用804、854、90、904、100、1004等型号拖拉机一次起两垄，而后续的移栽、中耕、碎蔓、收获环节仍采用该机一次两垄完成作业，该型拖拉机的轮距一般为1 600～1 800mm。

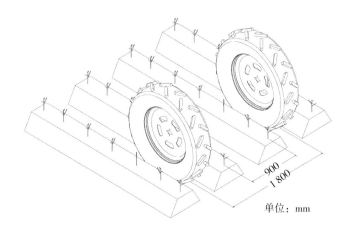

单位：mm

图6.4　两行起垄两垄收获作业模式

6.3.2.4 三行起垄两垄收获作业模式

该模式（简图见图6.5）针对平原坝区或丘陵缓坡地大面积种植区，可采用一台大马力拖拉机完成耕种收全程作业，起垄作业时一次起三垄，而后续的移栽、中耕、碎蔓、收获等则一次完成两垄作业，主要是为提高起垄作业效率，但如起垄操作不当，也存在着后续作业对行性差的问题。

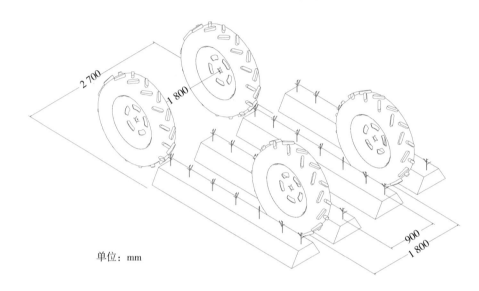

单位：mm

图6.5　三行起垄两垄收获作业模式

该模式较适宜的垄距为800mm、900mm（旋耕起垄机配套旋耕机可为230型或250型），起垄时一次三垄，其他作业则一次两垄；配套采用804、854、90、904、100、1004等型大马力拖拉机，轮距一般为1 600～1 800mm。

6.3.2.5 宽垄单行起垄双行栽插收获作业模式

该模式（简图见图6.6）是在一条大垄上交错栽插双行，可为干旱缺水地区在两行间铺设一条滴灌带提供便利，经济性较好。此外，采用适宜的拖拉机也可完成全程配套作业。

该模式较适宜的垄距为1 400mm（配套的旋耕起垄机幅宽约为2 800mm，可一次完成两垄作业），收获时采用1 200mm作业幅宽的挖掘收获机一垄一垄收获。该模式可配套754型、804型拖拉机,轮距一般为1 400mm左右。该种作业方式目前在新疆干旱缺水地区有应用。

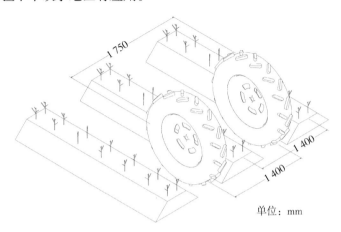

单位:mm

图6.6 宽垄单行起垄双行栽插收获作业模式

6.3.2.6 大垄双行起垄收获作业模式

该模式(简图见图6.7)是由徐州甘薯研发中心研究提出的,其适宜的垄距为1 500~1 600mm,可配套754、80、804、90、904等拖拉机实现起垄、中耕、收获等全程作业,但相关机具需与该模式配套,适宜平原地区作业,拖拉机轮距一般为1 500~1 600mm。

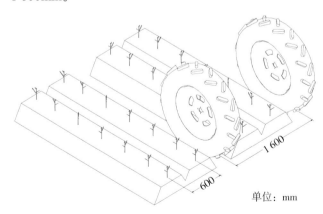

单位:mm

图6.7 大垄双行起垄收获作业模式

6.4 研究结论或建议

（1）由于我国甘薯生产机械研发滞后、机具的系列化和专业化程度低、整体水平还不高，甘薯机械仍处在起步阶段，因此各地在结合种植习惯、动力拥有、经济条件等因素，认真考虑选择适宜自己的作业模式时，以免影响生产。

（2）从全程机械化配套考虑，提出"单行起垄单垄收获作业模式""双行起垄单垄收获作业模式""两行起垄两垄收获作业模式""三行起垄两垄收获作业模式""宽垄单行起垄双行栽插收获作业模式""大垄双行起垄收获作业模式"6种机械作业模式，易于实现全程机械化作业的是单行起垄单垄收获作业模式、两行起垄两垄收获作业模式、大垄双行起垄收获作业模式。

（3）能用四轮拖拉机驱动作业的地块尽可能不用手扶或微耕机作业，因为四轮作业效率较高、操作人员相对轻松、对土壤的适应性相对较广。

（4）实现甘薯生产全程机械化的前提之一是实现农机农艺的融合，除在品种选育应考虑机械作业外，还应考虑：区域化统一种植垄距，便于提高机具的通用性和配套性；尽量净作，如间作套种一定要留好机收道；简化栽插方式，便于实现机械移栽作业。

（5）目前推荐模式中的几个垄距尺寸当以900mm左右最容易配备到适宜动力的拖拉机，也便于实现各环节作业机具的配套，同时也最接近目前国内的种植习惯，因此可作为优先选择的垄距。

（6）"机制、基础、机具"结合是解决甘薯生产机械化的主要途径，因此应加强土地流转和重整，对细碎不平整、缺少机耕道等种植区进行农地重划和机耕道建设，为机械化生产提供基础条件。

7 总结与展望

7.1 研究结论

针对我国甘薯当前生产中面临的用工多、劳动强度大、生产效率低、综合效益不高并严重制约产业健康稳定发展等问题，从"机制、机具、基础"相结合的角度出发，共同研究，逐步解决，以甘薯生产中垄作、种植两个环节的4款机具为典型代表，开展农机农艺及匹配浇水、作业模式技术共同研究，为甘薯生产提供较为完整的解决方案。主要研究结论如下。

（1）我国甘薯种植垄形主要有半圆形垄、梯形垄等两种形式，垄高在250~350mm，其起垄机械主要有单一功能作业机和复式作业机，根据作业垄数起垄机可分为单垄、双垄、多垄形式，根据驱动动力方式可分为微型起垄机、手扶起垄机、四轮驱动起垄机，常见的垄型成形装置主要有八字形、燕翅形、半圆形、犁式、半圆和梯形组合等成形器，常见的垄型镇压塑形机构主要有圆锥形可调式、垄顶垄侧辊式、双翅拍打镇压板、弹簧液压组合半圆形等镇压器。

（2）设计的1QL-1型甘薯起垄收获多功能机与25~30马力中型拖拉机配套，采用模块化结构设计，将起垄、镇压、施肥、挖掘、限深等关键部件设计成可拆卸模块，通过关键部件在共用平台上的变换组合，分别实现起垄施肥镇压和挖掘收获作业功能，从而实现一机多用，适合在丘陵缓坡地、平原坝区多种土壤使用，尤其是黏重土壤区。该机在河南省商丘市农林科学院梁园试验基地性能检测结果为：垄距91.3cm，垄高28.4cm，垄形一致性96.3%，土壤容重变化率27%，邻接垄垄距合格率90%，挖掘明薯率98.2%，挖掘伤薯率2.2%，损失率

1.5%，性能指标均达到或超过标准的规定。

（3）设计的1GQL-2型甘薯双行旋耕起垄覆膜复式机与55.13～80.85kW大功率拖拉机配套，主要由机架、旋耕部件、起垄犁、滴灌带组件、过渡槽、塑形轮、放膜机构、压膜机构、镇压轮、覆土机构等组成，可以一次完成两垄的旋耕、起垄、覆膜、铺滴灌带、压膜、镇压、覆土等工序。采用模块化结构设计，可根据生产需求进行拆卸组合，以实现旋耕起垄、铺滴灌带、覆膜等不同功能组合，为中大田块、偏沙性地区提供一款性价比高的实用机具。试验证明影响甘薯起垄覆膜作业质量的主次因素顺序为：前行速度>压膜机构高度>旋耕深度，其优选参数组合为：前行速度0.3m/s、压膜机构高度360mm、旋耕深度400mm，此时垄形参数合格率99.2%、采光面机械破损度为10mm/m²及采光面展平度为96.8%。

（4）设计的2CGF-2型甘薯复式栽植机与55.13～80.85kW大型拖拉机配套，可一次完成两垄的旋耕、起垄、破压茬、开沟、栽插、镇压、修垄等作业，主要适用于生产中应用广泛的"斜插法"栽植方式，作业时薯苗露出地面的茎秆与垄面夹角为60°～70°，入土苗根与水平面夹角约为30°，并采用非零速栽插原理，链夹运动轨迹为余摆线，适当提高了栽插作业速度，解决了传统薯苗机械栽植中下田作业机具多、易压垄伤垄、作业质量不高等难题。为保障开沟器开沟、链夹放苗与覆土压实三者协调工作，开沟器后端土壤分界点与链夹定植点距离取为110mm，圆盘压实最低点与链夹定植点的距离取为118mm，采用宽度为70mm的窄圆盘减少对垄顶的压伤破坏；并通过更换与驱动地轮同轴相连的主动链轮，实现栽插株距在210～300mm的调整。试验证明影响甘薯主要栽苗作业质量的主次因素顺序为：喂苗露出长度>开沟深度>前行速度，其优选参数组合为：喂苗露出长度140mm、开沟深度80mm、前行速度0.3m/s，此时立苗角度合格率为97.9%，栽插深度合格率为98.2%，能较好地满足甘薯机械栽插要求。

（5）本研究为配套甘薯机械移栽作业提出了边栽边浇和先栽后浇两种技术思路，具体提出坐水栽插模式、运水+坐水栽插模式、牵引车浇水模式、微灌微喷浇水模式、喷灌浇水模式5种基本技术模式，并细分出坐水栽插模式、运水+坐水栽插模式、牵引车浇水模式、滴灌管模式、滴灌带滴灌模式、微喷带喷灌模式、绞盘式喷灌模式、滚移式喷灌模式、中心支轴式喷灌模式、平移式喷灌模式

10种主要的作业形式，在实践生产中，应因地制宜，比较各作业模式的优缺点，选用合适的甘薯机械移栽浇水作业模式，优先建议使用滴灌带滴灌模式、牵引车浇水模式、坐水栽插模式、运水+坐水栽插模式等技术模式。

（6）实现甘薯耕种管收生产全程机械化的前提之一是实现农机农艺的融合，除在品种选育应考虑机械作业外，应区域化统一种植垄距，900mm左右是非常理想的拖拉机动力配套作业垄距，便于提高机具的通用性和配套性；尽量净作，如间作套种一定要留好机收道；简化栽插方式，便于实现机械移栽作业。

（7）"机制、基础、机具"融合是解决甘薯生产机械化的主要途径，应强化宜机化基础条件建设、鼓励适度规模种植经营，提出统一垄距、净作优先、简化栽插、平原中距、丘陵小距、南方大距等宜机化作业的种植技术要求和"单行起垄单垄收获作业模式""双行起垄单垄收获作业模式""两行起垄两垄收获作业模式""三行起垄两垄收获作业模式""宽垄单行起垄双行栽插收获作业模式""大垄双行起垄收获作业模式"6种机械作业模式，易于实现全程机械化作业的是"单行起垄单垄收获作业模式""两行起垄两垄收获作业模式""大垄双行起垄收获作业模式"三种模式。

7.2 主要创新内容

（1）研发模块化组合结构，多种机型都能实现一机多用，提高机具的经济性和适应性。在1QL-1型甘薯起垄收获多功能机上将起垄镇压施肥、挖掘限深等关键部件设计成可拆卸模块，通过在共用平台上的变换组合，分别实现起垄施肥镇压和挖掘收获作业功能；在1GQL-2型甘薯双行旋耕起垄覆膜复式机上将旋耕、起垄、滴灌带、塑形、覆膜等机构设计成模块，可根据生产需求进行变换组合，以实现旋耕起垄、铺滴灌带、覆膜等不同功能组合；在2CGF-2型甘薯复式栽植机上将旋耕、起垄、施肥、破茬、栽插、修垄等关键功能部件设计成模块结构，根据生产实际需求调整作业部件位置或进行作业功能调整，可实现一机两型（即先旋耕起垄再栽插型和先旋耕栽插再起垄型），分别满足黏土区和沙壤土区不同土壤的种植作业需求，亦可将旋耕、起垄部件摘除，实现独立的破压茬、栽插、修垄等作业，以满足不同拖拉机动力配置和多层次的消费市场需求，提高适应性、经济性。

（2）采用非零速栽插原理，研究复式组配作业技术，开发出填补国内空白的2CGF-2型甘薯旋耕起垄复式栽植机。该机可一次完成2垄以上多行旋耕、起垄、施肥、破压茬、栽插、修垄等复式作业，有效破解种植工艺流程较多、拖拉机下田作业次数多、效率低、能耗大等问题；此外，拖拉机牵引移栽机作业时，拖拉机走在未起垄地面，起垄栽插作业在后端完成，避开了拖拉机入垄行走作业难题，有效解决压垄伤垄、轮距垄距难匹配等难题，为甘薯栽插提供了一种全新思路和一款适用机型，填补了国内甘薯栽插领域技术空白。

（3）采用理论设计与试验研究相结合的方法，对甘薯起垄覆膜作业质量、甘薯栽苗作业质量影响因子和参数优化开展了研究。对起垄覆膜的影响因子及各部件间最优结构参数、工作参数、协调关系进行分析，并试验证明影响甘薯起垄覆膜作业质量的主次因素顺序为：前行速度>压膜机构高度>旋耕深度；对甘薯栽苗作业质量评价影响最重要的立苗角度合格率、栽插深度合格率2个指标进行了参数优化试验，试验证明影响甘薯主要栽苗作业质量的主次因素顺序为：喂苗露出长度>开沟深度>前行速度。

（4）"机制、基础、机具"相融合，农机农艺相配套，研究提出适宜全程机械化作业的6种机械作业模式。为解决农机农艺不匹配问题，以全程机械化作业为主要目标，从起垄、中耕、移栽、碎蔓、挖掘收获等环节入手，提出"单行起垄单垄收获作业模式""双行起垄单垄收获作业模式""两行起垄两垄收获作业模式""三行起垄两垄收获作业模式""宽垄单行起垄双行栽插收获作业模式""大垄双行起垄收获作业模式"6种机械作业模式，为宜机化生产提供技术基础。

7.3 研究展望

我国是世界甘薯生产大国，但受相关政策、自然条件、种植制度、研发平台、工业基础、生产制造、社会服务等客观因素制约，其生产机械化发展相对较为滞后，虽然近些年我国甘薯生产机械主要环节初步实现了从无到有发展，但距离从有到好、从好到优、从优到全尚有较大差距，不少垄作、种植新型机械还处于样机试验阶段，部分高性能机具研发尚处空白，已研发的部分设备技术性能、适应性、稳定性及配套农艺技术还需进一步优化提升。

下一步继续优化提升现已研发的起垄复式机施肥覆膜铺管性能、半自动复式移栽机轻量化技术和重秸秆地栽插适应性等，农机农艺融合提高机械移栽喂苗效率。将研究开发适宜南方地区使用的大垄高垄复式起垄机、丘陵小地块高质高效起垄机；研究开发机械化排种剪苗设备，提高育苗生产效率；研发适宜自动打孔、膜上栽插的复式移栽机，为北方覆膜种植提供适宜机具；加大适应自动化移栽取苗的技术研究，为发展全自动甘薯移栽机提供农艺基础，并开发全自动甘薯移栽机；继续探索研究更优化的宜机化作业模式等配套技术，提升甘薯机械作业性价比；进一步研发甘薯垄作种植智能化作业控制技术，提高机具的作业性能。

参考文献

常橙. 2013. 2BYP-4型覆膜播种机的设计与试验研究[J]. 农机化研究（12）：90-97.

陈魁. 2005. 试验设计与分析[M]. 北京：清华大学出版社.

迟明路，李旭英，田阳，等. 2014. 吊杯式移栽机栽植株距调节的研究[J]. 农机化研究（2）：131-134.

戴起伟，钮福祥，孙健，等. 2016. 我国甘薯生产与消费结构的变化分析[J]. 中国农业科技导报，18（3）：201-209.

葛大萌，吕钊钦. 2016. 小型甘薯旋耕起垄机的设计[J]. 农机化研究，8：109-112.

龚时宏，李久生，李光永. 2012. 喷微灌技术现状及未来发展重点[J]. 中国水利（2）：67-70.

何进，李洪文，张学敏，等. 2009. 1QL-70型固定垄起垄机设计与试验[J]. 农业工程学报，40（7）：55-60.

河南省商丘市农林科学院. 2015. DB 41/T 1010—2015. 河南省地方标准甘薯机械化起垄收获作业技术规程[S]. 郑州：河南省质量技术监督局.

后猛，李强，辛国胜，等. 2013. 甘薯块根产量性状生态变异及其与品质的相关性[J]. 中国生态农业学报，21（9）：1095-1099.

胡良龙，胡志超，胡继洪，等. 2012. 我国丘陵薄地甘薯生产机械化发展探讨[J]. 中国农机化（5）：6-8，44.

胡良龙，胡志超，王冰，等. 2012. 国内甘薯生产机械化研究进展与趋势[J]. 中国农机化（2）：14-16.

胡良龙，胡志超. 2011. 我国甘薯生产机械化技术路线研究[J]. 中国农机化（6）：20-25.

胡良龙，计福来，王冰，等. 2015. 国内甘薯机械移栽技术发展动态[J]. 农机化研究，36（3）：289-291，317.

胡良龙，计福来，王冰，等. 2015. 国内甘薯机械移栽技术发展动态[J]. 中国农机化学报（3）：289-291.

胡良龙，田立佳，计福来，等. 2014. 甘薯生产机械化作业模式研究[J]. 中国农机化学报，35（5）：165-168.

胡良龙，王冰，王公仆，等. 2016. 2CGF-2 型甘薯复式栽植机的设计与试验[J]. 农业工程学报，32（10）：8-16.

胡良龙，王公仆，凌小燕，等. 2015. 甘薯收获期藤蔓茎秆的机械特性[J]. 农业工程学报，31（9）：45-49.

黄咏梅，陈天渊，李彦青，等. 2011. 玉米与甘薯间套作种植模式效益研究[J]. 广西农学报，26（6）：16-19.

贾晶霞，张东兴，郝新明，等. 2005. 基于计算机模拟的马铃薯挖掘铲参数优化与试验分析[J]. 中国农业大学学报，10（5）：32-35.

贾赵东，郭小丁，等. 2011. 甘薯黑斑病的研究现状与展望[J]. 江苏农业科学（1）：144-147.

金诚谦，吴崇友，袁文胜. 2008. 链夹式移栽机栽植作业质量影响因素分析[J]. 农业机械学报，39（9）：196-198.

金宏智，严海军，王永辉. 2011. 喷灌技术与设备在我国的适应性分析[J]. 农业工程，1（4）：42-45.

兰才有，李刚. 1998. 滚移式喷灌机简析[J]. 节水灌溉（6）：24-25.

李锋，李建科，赵燕. 2006. 红薯的保健功能及发展趋势[J]. 农产品加工 学刊，11：21-23.

李洪民. 2012. 甘薯大垄双行机械化栽培模式[J]. 江苏农机化（1）：32-33.

李欢，陆国权. 2015. 甘薯无土培育体系的研究与应用[J]. 中国农学通报，31（27）：94-98.

李久生，栗岩峰，王军，等. 2016. 微灌在中国：历史、现状和未来[J]. 水利学报，47（3）：372-381.

李久生，张建君，薛克宗. 2003. 滴灌施肥灌溉原理与应用[M]. 北京：中国农业科技出版社.

李旭英，王玉伟，鲁国成，等. 2015. 吊杯式栽植器的优化设计及试验[J]. 农业工程学报，31（14）：58-64.

联合国粮农组织（FAO）数据库[EB/OL]. http：//faostat3. fao. org/download/Q/QC/E.

刘立辉，杨然兵，马根众，等. 2016. 滚筒式棉花覆膜装置设计与试验[J]. 农业工程，6（6）：84-87.

刘胜尧，张立峰，贾建明，等. 2015. 华北旱地覆膜对春甘薯田土壤温度和水分的效应[J]. 江苏农业科学，43（3）：287-292.

吕金庆，田忠恩，杨颖，等. 2015. 马铃薯机械发展现状、存在问题及发展趋势[J]. 农机化研究，12：258-263.

马标，胡良龙，许良元，等. 2013. 国内甘薯种植及其生产机械[J]. 中国农机化学报（1）：42-46.

马代夫，李强，等. 2012. 中国甘薯产业及产业技术的发展与展望[J]. 江苏农业学报，28（5）：969-973.

马代夫. 2010. 中国甘薯产业的发展[J]. 淀粉与淀粉糖（2）：1-3.

裴岩，樊柴管. 2016. 对甘薯移栽机械的研究[J]. 当代农机（9）：68-69.

秦舒浩，张俊莲，王蒂，等. 2011. 覆膜和沟垄种植模式对旱作马铃薯产量形成及水分运移的影响[J]. 应用生态报，22（2）：389-394.

秦素研，王俊岭，刘志坚，等. 2015. 甘薯机械化收获品种筛选及其特性研究[J]. 宁夏农林科技，56（4）：6-7.

邱永祥，李国良，刘中华，等. 2017. 机采型叶菜用甘薯育种思考[J]. 福建农业科技（5）：63-65.

沈升法，吴列洪，李兵. 2013. 甘薯种苗微营养钵假植技术及其应用[J]. 作物杂志（4）：94-96.

沈升法，吴列洪，李兵. 2014. 春薯垄作方式研究[J]. 浙江农业学报，26（3）：549-555.

施智浩，胡良龙，吴努，等. 2015. 马铃薯和甘薯种植及其收获机械[J]. 农机化研究，37（4）：265-268.

施智浩，胡良龙，吴努，等. 2015. 马铃薯和甘薯种植及其收获机械[J]. 农机化研究，4（4）：265-268.

谭锋，杨庆山，李作为. 2006. 薄膜结构分析中的褶皱判别准则及其分析方法[J]. 北京交通大学学报，30（1）：35-39.

王冰，胡良龙，胡志超，等. 2012. 我国甘薯起垄技术及设备探讨[J]. 江苏农业科学，40（3）：353-356.

王伯凯，胡良龙，王少康，等. 2018. 甘薯双垄旋耕起垄覆膜机的设计及试验研究[J]. 中国农业大学学报，23（7）：116-125.

王俊，李铁男，王宏伟. 2014. 中心支轴式喷灌机典型工程标准设计[J]. 节水灌溉（4）：94-97.

王蒙蒙，宋建农，刘彩玲，等. 2015. 蔬菜移栽机曲柄摆杆式夹苗机构的设计及试验[J]. 农业工程学报，31（14）：49-56.

王文智，谭静. 2013. 1GZ-60V型山地旋耕起垄机研制与试验[J]. 中国农机化学报，34（2）：67-69.

王贤，张苗，木泰华. 2012. 甘薯渣同步糖化发酵生产酒精的工艺优化[J]. 农业工程学报，28（14）：256-261.

吴腾，胡良龙，王公仆，等. 2017. 步行式甘薯碎蔓还田机的设计与试验[J]. 农业工程学报，33（16）：8-17.

吴腾，胡良龙，王公仆，等. 2017. 我国甘薯秧蔓粉碎还田装备发展概况与趋势[J]. 农机化研究，11（11）：239-245.

向伟，吴明亮，官春云，等. 2015. 履带式油菜苗移栽栽植孔成型机的设计与试验[J]. 农业工程学报，31（15）：12-18.

谢一芝，郭小丁，贾赵东，等. 2013. 菜用甘薯品种宁菜薯1号的选育及配套栽培技术[J]. 江苏农业科学，41（12）：107-108.

严伟，张文毅，胡敏娟，等. 2018. 3种甘薯移栽机作业性能对比试验研究[J]. 江苏师范大学学报（自然科学版），36（3）：50-53.

杨力，张民，等. 2009. 甘薯优质高效栽培[M]. 济南：山东科学技术出版社.

杨新笋，程航. 2008. 甘薯高产栽培与综合利用[M]. 武汉：湖北科学技术出版社.